乔军／著

我们为什么还没成功

WHY HAVEN'T WE SUCCEED

许多人都以为成功是由偶然和运气组成的，
其实不然，它是由规律和法则组成的。

所谓的成功，就是作为社会的个人达到自己
正当的目的与实现自己的理想。

要想成功，就必须具备崇高的道德理念，才能走向辉煌！

中国言实出版社

图书在版 编目(CIP)数据

我们为什么还没成功 / 乔军著. -- 北京 : 中国言实出版社，2015.4（2022.9重印）
ISBN 978-7-5171-1284-6

Ⅰ. ①我… Ⅱ. ①乔… Ⅲ. ①成功心理－通俗读物 Ⅳ. ①B848.4-49

中国版本图书馆CIP数据核字(2015)第075845号

责任编辑： 陈昌财

出版发行 中国言实出版社

地　址：北京市朝阳区北苑路180号加利大厦5号楼105室
邮　编：100101
编辑部：北京市西城区百万庄路甲16号五层
邮　编：100037
电　话：64924853（总编室）64924716（发行部）
网　址：www.zgyscbs.cn
E-mail：yanshicbs@126.com

经　销 新华书店
印　刷 三河市京兰印务有限公司
版　次 2015年8月第1版　2022年9月第2次印刷
规　格 787毫米×1092毫米　1/16　印张18
字　数 200千字
定　价 39.80元　　ISBN 978-7-5171-1284-6

前　言

◆ 我们为什么会成功

在人生的路上，我们始终要明白：不经历风雨无法见彩虹！我们要勇敢地踢开阻碍我们前进的绊脚石，而不是抱怨和彷徨，要知道我们的命运掌握在我们自己的手中。如果我们不付出努力，不积极地拯救自己，那么，除此之外便没有任何人能够使我们走出泥泞，走向成功。只要我们有坚定的目标，远大的理想，有一颗追求梦想、渴望成功的心，同时在失败、绝境面前不退缩，勇敢地向着明确的目标奋进，有自信、有勇气与一切艰难斗争，有着永不放弃的劲头，就能穿越重重障碍，走向成功，走向巅峰。

成功的人生是每个人都渴望的。成功有方法吗？成功有规律可循吗？成功的人是天生就是非常优秀的吗？答案姑且不论，但那些伟大的成功者似乎都抓住了一些共同的东西，这难道就是成功的秘密？

有这样一句话被不少人奉为经典：“许多人都以为成功是由偶然

和运气组成的，其实不然，它是由规律和法则组成的。”规律是事物最本质的内涵，是事物兴衰成败的黄金定律。任何一种事物的规律，不论你遵循它还是违反它，都会起作用。

事实上，成功需要多种能力、品质和资源，不过，首要的一条是，我们要明白自己究竟是做一个成功者，还是一个失败者。如果我们要做一个成功者，需要具备什么样的品质，需要遵循什么样的规律。如果你想成功，就需要明白，无论面对何种情况，都不能只在意一时一事取得了成功或遭到了失败，而要思考如何对待自己的成功和失败、在遭受挫折时表现出什么样的姿态。

无论过去如何看待自己，现在都还有改变的机会、方法与能力，可以使自己变得更美好。造物主给我们的所有礼物中，能够选择自己的人生方向，应该是最大的恩赐了。只要我们立志做一个成功者，做一个最伟大的人，最好的事情就会发生在我们的身上。所以说，我们要想自己杰出，就必须把自己变成最好的人。

你也许从来没有读过如此一本伟大与亲切并存、令人激动而力量倍增的书。来吧，每一位想成功的人士，行动起来，亲手翻开第一页！它可以帮助你快速达到这个目标，相信自己，你一定能成功！

此书就是要让大家了解决定的力量，只要焕发无限的潜能，那么活力、热情、快乐都将为你所有。你此刻就可以做出决定，须臾之间改变人生——改变一个习惯、掌握一项技能、待人接物得体、致电多年未联络的人，也许你联络的人就能助你一臂之力，也许你现在下的决心，就能让你好好感受和培养你需要的积极情绪。你内心想要感受更多愉悦、更多趣味、更多自信和更多宁静吗？即便是合上这本书，你也能发挥已经存在于内心的力量。做个好决定，你就能为成长和快乐寻找到崭新、积极且有力量的方向。

本书将要为你介绍一种有史以来的最好的成功理念。对梦想、欲望以及和谐关系的不断追求能够帮助你获得成功。错误而顽固的观念是成功的最大障碍。要想与永恒真理保持密切的联系，我们必须保持内心的平静与和谐。要想获得无限的智慧，我们必须与传统智慧的事物保持统一步调。

在这个理念的帮助下，你一定能够获得健康、勇气、成功、财富以及一切你想要的东西。有需要才会有要求，有要求才会有行动，而行动将让你有所收获。这一演变过程将帮助你创造与今日截然不同的绚烂明天。个人发展就像宇宙进化，二者都是一个循序渐进的过程，其中必然伴随着量变和质变。

大家都知道，如果做出损人利己之事，我们必然会受到道德的谴责，而且前进路上也不会一帆风顺。这个道理给我们的启示是：要想成功，就必须具备崇高的道德理念，做到“为最多的人谋求最大的利益”。

目　录

第一章　认识自己

从开始懂事起，你是否问过自己以下这几个问题：真正地了解自己吗？自己想做的是什么？自己最擅长的是什么？自己最大的优点和最大的缺点是什么？如果你对以上问题并没有一个明确的答案，那么，从现在开始，你必须从多方面来认识自己，只有清楚自己的各个方面，才能让自己有所成就。

第二章 制订一生的成功计划

对自己的未来没有预见的人，往往会被眼前的利益蒙蔽住双眼，而看不到远方的危险，他们的权力会在这个过程中丧失。所以，要学会高瞻远瞩，培养自己预见未来的能力。

第三章 成功要先确立目标

没有目标，不可能发生任何事情，也不可能采取任何步骤。如果个人没有目标，就只能在人生的路途上徘徊，永远到不了任何地方。

第四章 多努力一点

任何一个人想要获得成功，必须树立终身学习的观念。既要学习专业知识，也要不断拓宽自己的知识面，一些看似无关的知识往往会对未来起巨大作用。而“每天多做一点点”正好给你提供这样的学习机会。

第五章 成功的责任心

作为一个员工，既然选择了一个公司，就要把自己的事业和公司的发展结合起来，对该公司的企业文化有一个认同感。这样，你就会与公司一起同生死、共命运。在公司兴旺发达时，你就会有巨大的成就感和荣誉感。同时，公司会为拥有像你这样优秀的、忠诚的员工而自豪，你也会为与这样优秀的公司合作而光荣。当公司景况不佳时，你就会感到责任重大，并为扭转公司形势而倾心尽力。

第六章　细节决定成功

天下难事，必做于易；天下大事，必做于细。不愿做平凡的小事，就做不成大事，大事往往是从一点一滴的小事做起来的。

第七章　走向成功无借口

成功者找方法，挫败者找借口。失败的人之所以失败，是因为他们太善于找出种种借口来原谅自己，也得到别人原谅。不找借口，是忠诚的表现。成功的人，事前头脑中只有“想尽一切办法”，事后头脑中只有“这是我的责任”。

第八章 成功需要合理的时间安排

时间是无价的，耽误人家的时间会引起他人的不快。如果你遇到的是不守时的合作者，那么你们的合作关系必定不会长久。走向成功需要对时间做合理的安排。

第九章　工作的态度

放弃了自己对社会的责任，就意味着放弃了自身对这个社会更好的生存机会。这句话，让我们认识到勇于承担自己责任的重要性，在这个分工合作的社会，我们都要坚守自己的责任。对于一名员工来说，坚守自己的责任，并不是把自己本身的工作做好就可以了，还需要以良好的心态来对待工作。

第十章　天道酬勤

“勤能补拙是良训，一分辛苦一分才。”伟大的成功和辛勤的劳动是成正比的，有一分劳动就有一分收获，日积月累，从少到多，奇迹就可以创造出来。

第一章
认识自己

从开始懂事起，你是否问过自己以下这几个问题：真正地了解自己吗？自己想做的是什么？自己最擅长的是什么？自己最大的优点和最大的缺点是什么？如果你对以上问题并没有一个明确的答案，那么，从现在开始，你必须从多方面来认识自己，只有清楚自己的各个方面，才能让自己有所成就。

◆ 认识自我

任何一个成功者必定是一个最能深刻认识自己的人，如果一个人不能正确地评价自己、认识自己，就不能对自己的人生做出定位，即便有了定位，也不能朝着正确的方向前进。只有正确地认识自己，只有正确找准人生的坐标，才能走向成功的巅峰。

在一个生机盎然的春天，在一个充满爱恋的湖边，一个年轻的男人遇见了一个年轻的女人。

"现在我才发现，我来到这个世界上，就是为了今天与你相遇。"年轻男人含情脉脉地注视着女人。

"我也一样，所以我们相遇了。"

男人和女人相拥而去。

之后的某一天，还是那个年轻女人，独自在那片草地上寻找着，双眸流露着惶惑和不安。

一个智者走了过来：

"孩子，你已经在此寻找许久了，你究竟丢失了什么东西呢？"

年轻女人一边搜寻着，一边不安地回答着智者的问话：

"我在寻找我自己。自从那天在这里与他相遇，我就发现我丢失了自己。我的欢笑因他而产生，我的眼泪因他而流淌；他的一句话可将我托上高高的峰巅，他的一声叹息可将我抛下黑暗的地狱；我睁着双眼，看到的只有他的身影；我闭上双眸，听到的只是他的声音；我似乎是因他而生，我更因他而死。然而，我呢？我到哪里去了？偷一个空闲，我来寻找我自己。”

智者笑道：“孩子，不必寻找了。当爱产生时，‘我’就消失了。你们相爱着，你们已经彼此消失自我，融为一个整体，你的自我只能在他那里寻找，而他的自我只能在你这里寻找。遗憾的是，他和你都不见了，因而你们不必寻找，你们已经变成了一个新的整体。”

正说着，那年轻男人也来了，他也来寻找自我，智者把上述的话又重复了一遍。

“可是，‘我’还能够返回么？即使返回，‘我’还会是从前的‘我’么？‘我’在新的整体那儿，会有幸福和快乐么？”男人和女人同时问。

“唉！谁能预知明天发生的事呢？你们拥有今天灿烂的阳光，何必为明天天空的阴晴发愁呢？”智者说。

认识自己，爱到无“我”情最切!

“认识你自己”很早就在希腊帕尔纳索斯山的戴尔波伊神托所的石柱上出现。为什么会把这句话刻在上面呢？由于这句话在当时是一句家喻户晓的民间格言，是古希腊人民的智慧结晶，通过这句话所带来的影响，成就了一代又一代的许多伟大人物，所以，人们把它刻在了石柱上。由此我们可以看出，认识自己对于前人或者当今的我们来说都有着同样的重要意义，它时刻提醒着我们把握自我、实现自我。

认识自我，不只对那些获取成功的人重要，对其他人也一样重要。它是一种认识自己的意识和能力，也是一种可贵的心理品质。由于我们生活的复杂多变，认识自己、承认自己的优势和不足是我们进军现实世界的基础和出发点。当我们意识到我们的优势时，就可以更恰当地选择自己的生活方式，给自己一个恰当的定位。

认识自己，看清自己的优点与缺点，不要过高吹捧自己，当你把自己的能力过于高估时，很容易遭受挫折。人们常说“人贵有自知之明”，那就是既不高估自己也不低估自己。认识到这一点容易，但要做到这一点，却非人人能及。我的朋友对我说过一段话：“当你一切都顺利，平步青云时，你更应该时常警戒自己保持头脑的清醒，因为那是一个人最能滋生骄傲情绪，走向极端的时候，所以，成功时不能目中无人、目空一切。”

是啊，想拥有更大的权力，想到更能发挥自己才能的岗位上去，想做出比别人更大的成就，这几乎是所有人都拥有的一种上进意识，改变现有生活状况的欲望。但是，正确估价自己的人，完全有能力接受自己目前所处的现状和环境，对于想成功的人来说是非常重要的。同时，也只有清楚认识自己的人，才能把现有的良好状况持续下去。

在生活中，那些不能正确认识自我的人，他们在取得一点成绩以后就失去了自我，把自己和原来的“我”分开，同时也把自己和朋友、亲人分开，使自己游离于社会之外。如果你不慎掉入了那种骄傲的状态时，那你已经远离社会、远离亲人了，在很多人的眼中，你已经是一个格格不入，甚至是一个另类人物了。

有这样一个年轻人，他在创业没有成功之前，身边的朋友很多，常常聚在一起。几年后，他创业成功，成为当地的名人，但是他变了，和朋友的距离越来越远，而且骄傲的情绪慢慢地在他身上滋长。好景不长，两年之后他的事业失败了，在那段时间里，他通过反复思考清楚地认识了自己，所以现在他再一次地站了起来，那些骄傲的情绪和不良的心态已经远离他而去，他也找回了当年和朋友在一起的感觉。

确实如此，有一部分成功者之所以又会走向失败，最大的原因就是没有正确地认识自我，没能把成功时的自己和未成功时的自己联系起来。

尼采曾经说过："聪明的人只要认识自我，便什么也不会失去。"是啊，只有一个正确认识自我的人，才能充满自信，才能使人生的航船不迷失方向。正确认识自我，才能正确确定自己的奋斗目标。只有有了正确的人生目标并充满自信地为之奋斗终生，才能此生无憾。

认识自己，不管是在逆境中还是顺境中都很重要。现实生活中，我们不管是在怎样的环境里都一样会迷失方向，是逆境中还是顺境中都没有任何区别。当我们面对困难和挫折时，大部分人能够认识到自身的能力和优势，正因这样，所以他们能分析清楚失败的原因，再经过认真的思考，最后坚定信心，就地爬起再创辉煌。另外一部分人，他们面对挫折和困难时，由于没有清楚地认识自己，所以总是怀疑自己，认为自己没有能力，最终等待他们的将是大志难酬。

◆ 找准人生的正确航向

很多时候我们都会想这样的问题：自己最喜欢什么样的人？爱好是什么？最擅长的技能是什么？这些问题时刻都会有所提及，但是我们真正地去了解过吗？真正的给过自己一个无懈可击的答案吗？

学校教育所产生的大部分价值是由师生间的切磋琢磨得来的，通过这些交流，使学生拥有了锐利的思想、高远的志向和卓越的才能，更重要的是交流启发了他的希望和理想。书本的知识固然有价值，但师生的沟通交流所得出的知识和感悟才是真正的无价之宝。

不管是谁，只要他细心的聆听别人，他就能从别人那得到若干的信息，而有些信息是自己所不知晓的，并能改变他人生的，如果他选择吸取，将会受益无穷。

与他人合作，自己就会发现自身新的能力。反之，自身某些潜能是永远不会发挥出来的。没有谁是在孤独的环境中发挥自己的全部，这时就需要别人来充当自身潜能的启发者。演说家之所以能够发表精彩的演说，主要是靠听众的共鸣，唤起听众的广泛同情才能发挥巨大的力量。再出色的演说家，如果是对着空空的礼堂发表演讲，那无论如何也没有巨大的力量产生。

自身的成长、阅历的积累，都是我们从外界吸收各方面营养而造就的。而其中有些营养是自身难以察觉的，比如我们耳濡目染的外界的一切声和光。在很多人的帮助和影响下，我们取得了很多成就，在不知不觉中我们的生命被他人的希望、鼓励和辅助映射着，并取得心灵上的安慰，精神上的激励。

我们知道，一个人的发展在某种程度上取决于自己对自己的正确定位。你在心目中把自己定位成一个什么样的人，你就是什么样的人。因为定位能决定人生，定位能改变人生。所以，如果一个人能够正确地知道自己最喜欢什么或最擅长什么，那么，他也许就会对自己的人生做出正确的定位。

一位名人曾说过这样的话："当你认识清楚自己后，如果你能扬长避短，认准目标，抓紧时间把一件工作或一门学问刻苦认真地做下去，久而久之，自然会结出丰硕的果实。"

美国的女影星霍利·亨特在清楚地认识到了自身以后，开始根据自己的情况来选择自己所走的路。在经纪人的指导下、她根据自己身材娇小、个性鲜明、演技极富弹性的特点给自己做了新的定位，最终通过一些影片，夺得了戛纳电影节的"金棕榈"大奖和奥斯卡大奖。

虽然霍利·亨特并不是一位传奇人物，但是我们由此得出这样一个启示：一个人要实现自己的人生价值，就得正确地认识自己，珍惜有限的时间，选择最适合自己的事情去做。

著名的史学家方学瑜小时候除了刻苦学功课外，还在假期师从和德谦先生专攻诗词。他渴望成为一名杰出的诗人，但一晃六七年过去了，却未取得一点成就。1923年方学瑜赴京求学，临行时，和先生诵阮玉亭"诗有别材非先学也，诗有别趣非先理也"之句赠之，指出他生性质朴，缺乏"才"、"趣"，不能成为诗人。但如能勉力，学理可成为一个学人。方学瑜铭记导师之言，后来著成《广韵声汇》和《困学斋杂著五种》两本书，为祖国的史学研究做出了很大贡献。

其实，每个人都不可能在任何领域占尽优势，而是会在某个领域占有优势。只要你对自己的长处很清楚，并将自己的优势发挥到恰当的地方，你必然会有所成就，这就是你的真实带给你的财富。

任何一个人都应该有认识自我的能力，这是必要的，也是必须的。如果一个人没有这种认识自我的能力，就无法找到自己的位置，也意味着这个人一生的平庸。

能够正确地认识自己，是件幸运的事。因为你能正确地认识自己，所以你离成功总是比那些对自己不了解的人近。认识自己，并非只是那些天才才能拥有的能力，我们周围有许多平凡的人物，他们做自己喜欢的事，活得自在，活得快乐，这也是一种成功。一个人在某些方面不行，并不代表他在其他方面也不行，你可能解不出许多数学难题，或记不住许多外文单词，但你在处理事务方面却有特殊的本领，能知人善任、排难解忧，有高超的组织能力，所以当你能认识自己的时候，你的生活也就快乐、幸福了。所以，我们都应该学会认识自己、剖析自己、明确自己的方向。

任何一个聪明人，都对自己有一个很清楚的认识。不论如何，我们每个人都有着自己的使命，当我们清楚地认识自己的使命时，我们才能活得更加快乐和幸福。所以，任何一个人想取得成功，必须从认知自己开始。把自己看得越准确、越透彻的人，他选择的道路就会越正确，自己的潜力就越能发挥出来，成功的可能性就越大。

一个人的成功与否取决于对自己的正确认识。不能清楚地认识自己，对自己的能力性格做出一个合理的定位，我们就很容易造成一些损失或走向失败。每个人对自己还是要有一个基本的认识，这是必须的，只有对自己有了一定的认识，我们才能比较客观地看待自己的能力、性格。

◆ 给自己信心和勇气

许多人对自己没有信心，害怕和陌生人交往，害怕其他人的指指点点。其实，我们要做一个真正的自己，不论他人怎样看待自己，我们只需要相信自己是最棒的。

一个人信心的强弱，决定了这个人生活的状况。自信对于我们来说很重要，它可以帮助我们获取更多的成功。因为自信可以释放人的各种力量：胆大、英勇、坦诚、开朗、乐观、豁达、谦虚、热情。

美国作家爱默生也曾说过："自信是成功的第一秘诀。"这是不可否认的，自信是对自我能力和自我价值的一种肯定，有自信，才会有成功。赏识自我，就是尊重自己、悦纳自己，能够感受到自己存在的价值。

当我们对自己失去信心的时候，我们要学着改变自己，给自己加油打气，让自己再勇敢一些、再自信一些。生活中的那些失败者，他们失败的大部分原因，不是未占有天时地利，也不是因为没有能力，而是因为自我心虚，自己对自己没有信心，从而成为成功的最大障碍。如果我们展示给人一种自信、一种强大的冲劲，就没有过不去的坎，没有办不到的事。

那么，怎样才能给自己增强自信呢？

给自己增强自信，首先需要我们认识自己，对自己有一个充分的肯定，一个正确的评估。每个人都有自己的优点，但优点是要靠自己来发掘的，尤其是在这个竞争非常残酷的社会背景下，只有发挥出你的特点才可能有立足之地。因为最了解你的只有你自己，不论是父母、亲人、爱人、朋友都不是自始至终陪伴你的那个人，他们看到的只能是外在的表面现象，你的性格因素还有内心真正渴望什么，只有你自己知道。而正是由于这种深刻的了解，你才能给自己一个准确的定位，你才能肯定自己，相信自己一定能做好。

或许你现在只是公司里一个小小的职员，别人看不到你身上的闪光点，但是，你自己不能把它们忽略，因为你的自信，因为你的积极，最终会放射出光芒。

当上司交待你做一件以前没有做过的工作，这时，不要怀疑自己的能力，告诉自己："我行，我一定行！"在这种自信的驱使下努力工作，当你把事情办好后，内心也会起一些变化，你会更加相信自己，越来越有信心做好每一件事。

其次，增强自信，还需要不断地提高自身能力。想要拥有自信，当然得有过硬的工作能力，在工作中不断地创新和学习是非常必要的。自信不是空穴来风，虚无缥缈的东西，它虽然不是实物，但却能体现一个人良好的精神面貌。自信是一种内在散发出来的力量，只有具备了真才实学才能有这样的气势。

如果光有表面上的自信，就会被认为只是一种虚张声势，所以我们在工作中要不断地提高自己的工作能力，深入细致地了解本职工作需要何种技能，自己有哪些地方不足。如果你需要补充电脑、英语方面的知识，那就去上补习班；如果你优柔寡断，那就加强心理素质方面的锻炼。只有源源不断地补充知识，刻苦勤奋地学习技能，才能让自信的你越来越自信。

最后，改变自己的外在形象，让自己看上去更有活力。不管你长得或美或丑、或高或矮，每个人都会追求美。因为美不仅赏心悦目，还能增加个人的自信心。我们没法改变父母赐予我们的容貌，但是我们可以让自己越变越好。脱去邋遢的衣服，换一身挺拔的服装，留一个中意的发型，时刻保持个人卫生，这些日常生活中的小事也可以给我们带来自信和美丽。

总而言之，自信并不是漂亮的外表，要知道自信的人总是最引人注目的。自信不是现金钞票，但是它能给你带来财富和荣誉，它是一种对工作、对生活积极的态度，它会让你认识自己所扮演的人生角色，认识到自己在哪些方面有优势，在哪些方面还需要再发掘自己的潜能。

◆ 打败自卑，树立强大的自我

自卑是自信最大的敌人，对自己失去信心的人都是失败者，相反，那些对自己持肯定态度的人做事一般都会成功。因为，他们对自己有信心，相信自己是最好的，他们总是坚忍不拔地向着更美好的生活前进。我的老师说过一句话："人生前途的成败得失和幸福与否，关键在于是否树立了坚强的自信心。只要树立了坚强的自信心，人生将会是幸福的，明天的阳光也会是美丽的。"

对于老师说的话，我一直记在心里。正如老师所说，自信与人生的成败息息相关。我们想拥有成功，信心是不可或缺的。我们始终要相信，自己的潜能是无限的，阻碍你前进的最大敌人就是你自己。只有正视自己的不足，挖掘自身的潜在力量，才能实现你自己的价值。同时，我们要坚信没有什么目标不可以达到，怕的是你不去做，或对自己获取成功没有信心。

生活中，我们不难找出那些没有自信的人，对于他们来说，他们永远把自己定位于二等人，认为自己永远都站不到成功的舞台上，由于这种思想的不断影响，他们还会产生一种情绪，最终看不起自己，不尊重自己。这些原因，导致了他们总是回避生活的挑战，面对需要得到帮助的人，总是不能向前一步去帮助他们，始终认为自己的帮助对别人可能根本就派不上用场。其实我们应该相信一句话："天生我材必有用。”没有谁是无用的，就看你如何对待自己。否定自己价值的人将会失败，即使不会失败，也是碌碌无为地度过一生。

有这样一支踢得不错的甲A足球队。一次前往国外进行比赛，他们前往的国家是一个小国，这次和他们比赛的足球队的实力远比不上这支甲A球队。但由于这支足球队患有一种“恐外症”，自卑感严重，无端地怀疑自己，在赛场上，由于大部分队员紧张、自卑，配合不当，终失一球，最后以0：1落败，从而成为体育界的笑柄，在一段时间后，他们找到了自己输球的原因：是由于背着自卑的包袱而不能发挥自己的水平所导致的。

自卑是一台人生控制器，它控制着我们的生活，一次又一次地向我们索取勇气与生活的空间。一个自卑的人，偶然的一次挫败就会令他垂头丧气，一蹶不振，将自己的一切否定，在这个时候，就会觉得自己一无是处，窝囊至极。自卑就像蛀虫一样啃噬着你的人格，它是你走向成功的绊脚石，它是快乐生活的拦路虎。

斯塞是一位伟大的哲学家，他说过：“由于痛苦而将自己看得太低就是自卑。”我国唐代大诗人李白也在《将进酒》中吟道：“天生我材必有用！”这是何等豪迈的气势！在人生的舞台上，有些人却低声哀叹天生我材……没用，而有些人却能跨越自卑，树立一个强大的自我。

下面是克服自卑的一些有效方法：

1．通过一些运动来克服自卑。

2．在早晨的时候做数次深呼吸。

3．改变自己的身体语言，让自己全身各方面都更加适合自己。

4．把自己自卑的方面告诉最好的朋友，或者用纸写出来，然后告诫自己不要害怕，自己永远都是最好的。

5．学着多和他人聊天，培养一个乐观、开朗、合群的性格，注重语言技巧和口头表达能力训练，还要去关注社会、洞察人生，做生活的有心人。

6．学会克制自己的忧虑情绪。凡事尽可能往好的方面想，多看积极的一面。平时注意培养自己的良好情绪和情感，相信大多数人是以信任和诚恳的态度来对待自己的，不要把自己置于不信任和不真诚的假定环境中，那样，对别人就总怀有某种戒备心理，自己偶有闪失，或者并无闪失，也生怕别人看破似的，这样会使自己越加惶惶然，形成更加羞怯的心理。

“非常对不起！”当他的朋友因为他做了一些稀奇而又愚蠢的事情而责备他的时候，巴乔总会这样说，“不是我，你知道，不是我做的。”

“是马利做的，”他解释说，“我把我自身无法控制的一半称为马利。我是那精明、实际而又谨慎的一半，他则是天马行空的一半。我的另一半做了什么，我本不该管，但他总是拖我下水。”

唉，我们所有的人都知道自己有另一半，但却不知道该怎样称呼他。我们总是无助地问自己：“我为什么会说这样愚蠢的话呢？我为什么会做这样愚蠢的事情呢？”

“我不是故意的，妈妈，我没法控制自己。”当母亲因为淘气而责骂她的时候，一个小女孩这样说。我们在面临压力甚至在毫无理由的情况下，也经常会出现这样的情况。

当一个人心情不好、无法正常思考和行事时，都会做出一些出乎别人意料的事情。人们甚至会觉得，主宰自己的不是自己一个人，而是两个人、三个人轮流主宰。

我们的思想里好像有一个淘气的小家伙，促使我们做一些与自己性格不符的事情，令我们很难过。

很少有人故意地去做这样的事情，它们都是突然出现的。人们总是在做了一件圆满的事情后，由于自己的夸耀而前功尽弃。

人们可能会问，人为什么总是有这种莫名的冲动呢？其实这是一种我们每个人都有的虚荣。

通常情况下，这种冲动都很温和，没有什么坏处，除非它深深地植根于我们的思想之中，成为我们思想的一部分。如果这样的话，那后果就会很严重了。

谁愿意把自己最差的一面烙在别人的印象里呢？让我们好好地看管好这个淘气的小家伙吧，否则我们就会走上邪路！

一个自信的人总是在不断地改变。有这样一句话："自信在支撑着我们前进，也同样在滋养着我们。"确实如此，自信者永远是最闪亮的焦点，因为在他们的眼中，闪烁着战胜一切的光芒，所以，只要有足够的信心，任何人都可以赢得成功。

◆ 做真实的自己

生活中，我们都认为自己活得太累。其实，最大的原因是我们给自己戴上了许多沉重的面具。我们为了生存、发展、工作，一直以来都在扮演着自己不喜欢的角色，用这些角色去获取我们的所需，然而这背后的酸楚又给我们增添了一些压力。

大部分人都知道这样的一个道理，想过得轻松一些就需要以真实的自我面对现实。可是在这个社会能达到这种境界吗？只要是人，就会有欲望，为了欲望去争取，这时我们就会有所失去，所以，我们期望的轻松日子只是一种渴望而已。但是，我们可以通过另一种方式来让自己过得更轻松一些，就是做真实的自已，保持真我本色。

陈蕾从小就特别敏感而腼腆，她长得非常胖，这一点从她的脸上看起来就更加明显。陈蕾有一个很古板的母亲，她认为一个女孩子必须保持以前老人的作风，穿衣服不能穿得花花绿绿的。她总是对陈蕾说："宽衣好穿，窄衣易破"，而且总照这句话来帮陈蕾选衣服。所以，陈蕾从来不和其他的孩子一起玩，甚至不上体育课。她非常害羞，觉得自己和其他人"不一样"，并且脱离了她现在的生活，完全不讨人喜欢。

长大之后，陈蕾嫁给一个比她大好几岁的男人，可是她并没有改变。她丈夫一家人都很好，对生活也充满了自信。陈蕾也尽最大的努力想去迎合家人，可是她并没有做到。为了使陈蕾能开朗地做每一件事情，家里人都尽力在不经意间纠正她自卑的心理，可是这样做却反而使陈蕾变得更紧张。

一次她在家里听到了婆婆对孩子说的话：“不管做人，还是做事，我们总要保持我就是我的原则或者保持本色，这样就会过得更轻松快乐一些。”

“我就是我，保持本色！”在那一刹那间，陈蕾发现自己之所以那么苦恼，就是因为她一直在试着让自己适合于一个并不适合自己的模式。

这次偶然的事件彻底改变了陈蕾，后来陈蕾回忆说：“从那以后，我开始改变我自己，经过几天的思考，知道了我不快乐的原因，于是，我开始保持我内心本色。我试着研究我自己的个性、自己的优点，尽量用适合我的方式去穿衣服。我主动地去交朋友，常常与邻居到公园里去游玩，慢慢地我的勇气一点点的增加了，我也从中得到了许多快乐，这所有的快乐，是我从来没有想到的。在教育我自己的孩子时，我也总是把我从痛苦的经历中所总结的经验教给他们，不管做人，还是做事，我们总要保持我就是我的原则或者保持本色，这样就会过得更轻松快乐一些。”

有一个人向一位老人抱怨说自己很努力却总不能成功：“我每天都在拼命地工作、工作，一刻也没闲着。”老人微笑着问他：“那么你用什么时间来反省和总结自己呢？”

正如成功多是内因起作用一样，失败也多是自己的缺点引起的。一个人必须懂得不断反省和总结自己，改正自己的错误，才不会老在原处打转或再被同一块石头绊倒，才可以走出失败的怪圈，走向成功的彼岸。

人为什么要自省？这里有两个方面的原因。

一个是主观原因。人都不可能十全十美，总有个性上的缺陷、智慧上的不足，而年轻人更缺乏社会历练，因此常会说错话、做错事、得罪人。

另一方面是客观原因。现实生活中，很多人是只说好话，看到你做错事、说错话、得罪人也故意不说，因此这就更需要你自己通过反省来了解自己的所作所为。

能够时时审视自己的人，一般都很少犯错，因为他们会时时考虑：我到底有多少力量？我能干多少事？我该干什么？我的缺点在哪里？为什么失败了或成功了？

这样做就能轻而易举地找出自己的优点和缺点，为以后的行动打下基础，所以具有自省意识就显得非常重要。

培养自省意识，首先得抛弃那种“只知责人，不知责己”的劣根性。当面对问题时，人们总是说：“这不是我的错。”“我不是故意的。”“没有人不让我这样做。”“这不是我干的。”“本来不会这样的，都怪……”这些话是什么意思呢？

其次，培养自省意识，就得养成自我反省的习惯。我们每天早晨起床后，一直到晚上上床睡觉前，不知道要照多少次镜子；这个照镜子，就是一种自我检查，只不过是一种对外表的自我检查。相比之下，对本身内在的思想做自我检查，要比对外表的自我检查重要得多。可是，我们不妨问问自己：你每天能做多少次这样的自我检查呢？

我们不妨设想一下，如果某一天我们没有照镜子，那会是一种什么结果呢？也许，脸上的污点没有洗掉；也许，衣服的领子出了毛病……总之，问题都没有发现，就出了门。可是，我们如果不对内在的思想做自我检查，那么，我们就可能是出言不逊也不知道，举止不雅也不知道，心术不正也不知道……那是多么得可怕！

我们不妨养成这样一个习惯——就是每当夜里刚躺到床上的时候，都要想一想自己今天的所作所为。有没有不妥当的地方。每当出了问题的时候，首先从自己这个角度做一下检查，看看有什么不对；而且，还要经常地对自己做深层次、远距离的自我反省。

最后，培养自省意识，就得有自知之明。就像最有可能设计好一个人的就是他自己，而不是别人一样，最有可能完全了解一个人的就是他自己，而不是别人。但是，正确地认识自己，实在是一件不容易的事情。不然，古人怎么会有“人贵有自知之明”、“好说己长便是短，自知己短便是长”之类的古训呢？

自知之明，不仅是一种高尚的品德，而且是一种高深的智慧。因此，你即便能做到严于责己，即便能养成自省的习惯，但并不等于说能把自己看得清楚。就以对自己的评价来说，如果把自己估计得过高了，就会自大，看不到自己的短处；把自己估计得过低了，就会自卑，自己对自己缺乏信心。只有估准了，才算是有自知之明。

很多人经常是处于一种既自大又自卑的矛盾状态。一方面，自我感觉良好，看不到自己的缺点；另一方面，却又在应该展现自己的时候畏缩不前。对自己的评价都如此之难，如果要反省自己的某一个观念，某一种理论，那就更难了。

是啊！人生最重要的就是做真实的自己。生活中，许多想成功的人，他们都在模仿自己心目中的那些成功人士，但是却往往在模仿中迷失了自己，忘记了真实的自己，忘记了自己的优势。其实，成功的人与不成功的人，都拥有着聪明的一面，拥有着自己天生的长处和特质，也有着他人不可比拟的聪明优势。所以，我们不必去模仿那些成功人士，我们只能借鉴他们的成功经验，当你找到了自己的优势时，你就有通向成功的起点了。

那些有成就的人，他们敢于选择做真实的自己，走自己的路。不管他们所选择的这条路是热闹或冷清，是寂寞或快乐，他们仍然快乐地走在路上。然而，这些成功的人和有成就的人，他们需要的是一种永不言败的精神和一种不断努力奋斗的勇气。他们也懂得经营自己的人生，把自己的人生打拼得有声有色，活出真正的色彩。

◆ 相信自己行，就一定行

究竟什么是决定人生成功的重要因素呢？是气质还是性格？是财富还是人际关系？是勇敢还是聪明？这些都不是。最重要的是自己必须相信自己，自己必须看得起自己，只有如此才能走向成功。我们要明白：只有相信自己，才能决定我们的人生是否成功。

走过漫漫的人生长路，我们会追忆那些被自己的决定或碰到的逆境击倒、欺凌甚至碾得粉身碎骨的日子。也许那时的我们会感觉自己一文不值。但无论发生什么，或将要发生什么，我们都要相信自己的存在是有价值的，也要相信在上帝的眼中，我们永远不会丧失价值。我忘记了是哪位伟大人物说过这样的一段话："只要你站在我的身边，不论你肮脏或洁净，衣着齐整或不齐整，我就会肯定你的价值。要知道，生命的价值不依赖我们的所作所为，也不仰仗我们结交的人物，而是取决于我们本身。"

是啊，生命的价值取决于我们自己，除了我们自己，没有任何人可以贬低我们，就算今天我们无所依靠、生活落魄，我们都要坚信自己生存的价值，只要相信自己行，就一定行。

美国布鲁金斯学会有一位名叫乔治·赫伯特的推销员在2001年5月20日这天，成功地把一把斧子推销给了美国总统小布什。这是继该学会的一名学员在1975年成功地把一台微型录音机卖给尼克松后在销售史上所刻写的又一宏伟篇章。

乔治·赫伯特推销成功后，他所在的布鲁金斯学会就把刻有“最伟大推销员”的一只金靴子赠予了他。

布鲁金斯学会创建于1927年，该学会以培养世界上最杰出的推销员著称于世。布鲁金斯学会有一个传统，就是在每期学员毕业时，就会设计一道最能体现推销员能力的实习题，让学员去完成。

克林顿当政期间，布鲁金斯学会设计了这样一个题目：请把一条三角裤推销给现任总统。在克林顿执政的八年时间内，众多学员为此绞尽脑汁，最后都没有成功。克林顿卸任后，布鲁金斯学会把题目换成：把一把斧子推销给小布什总统。

但是，这个题目公布之后，有的学员认为把一把斧子卖给小布什简直是太困难了，和把一条三角裤卖给克林顿一样，会毫无结果，因为现在的小布什总统什么都不缺，即使缺少，也不用着你去推销，更不用说他亲自去购买，他完全可以让其他人去购买，而且卖斧子的商家众多，布什不一定会买你的。

但是，乔治·赫伯特却没有产生如此消极的想法，他也没有找任何借口不去做，他认为不管结果如何，只要自己去做了，即使没有结果也没关系，做总比没做好。在他看来，把一把斧子推销给小布什总统是完全有可能的，因为布什总统在得克萨斯州有一个农场，里面长着许多树。于是乔治·赫伯特就给小布什总统写了一封信说：“有一次，我有幸参观您的农场，发现里面长着许多矢菊树，有些已经死掉，木质已变得松软。我想，您一定需要一把小斧头，但是从您现在的体质来看，这种小斧头显然太轻，因此您需要一把不甚锋利的老斧头。我这儿正好有一把这样的斧头，它是我祖父留给我的，很适合砍伐枯树。假若您有兴趣的话，请按这封信所留的信箱，给予回复……”

在乔治·赫伯特把这封信寄出去不久，布什总统就给他汇来了15美元。

乔治·赫伯特成功后，布鲁金斯学会在表彰他的时候，说：“金靴子奖已空置了26年，26年间，布鲁金斯学会培养了数以万计的百万富翁，这只金靴子之所以没有授予他们，是因为学会一直想寻找一个人，这个人不会因为有人说某一目标不能实现而放弃；不因某件事情难以办到而失去自信。”

从乔治·赫伯特把斧子卖给小布什总统这件事来看，自信对每个人都非常重要。无论我们面临的是学习还是工作上的压力，无论我们身处顺境还是逆境，只要拥有自信，就可以用它神奇的放大效应为我们的表现加分。因此，只要我们有信心，在别人看来不可能成功的事也会有成功的可能，在我们的字典里就不会存在“不可能”这三个字。

我们应该对自己自信一点，认定自己不比别人差，始终相信自己。我们是自己命运的主宰，是生活的推动力。在面对挫折和不幸时，相信我们自己，相信我们不比别人差，这样你才能更好地面对和应付这些挫折，这样你的生活才会更加快乐、美满。

第二章
制订一生的成功计划

对自己的未来没有预见的人，往往会被眼前的利益蒙蔽住双眼，而看不到远方的危险，他们的权力会在这个过程中丧失。所以，要学会高瞻远瞩，培养自己预见未来的能力。

◆ 掌控生命始于规划人生

做人应该对自己的未来有所预见，否则就可能招致麻烦或使自己陷入险境。

公元前415年，雅典人准备攻击西西里岛，他们以为战争会给他们带来财富和权力，但是他们没有考虑到战争的危险性和西西里人抵抗战争的顽强性。由于求胜心切，战线拉得太长，他们的力量被分散，再加上面对着所有联合起来的敌人，他们更难以应付。雅典的远征导致了历史上最伟大的一个文明的覆亡。

一时的心血来潮引起了雅典人的灭顶之灾，胜利的果实的确诱人，但远方隐约浮现的灾难更加可怕。因此，不要只想着胜利，还要想着潜在的危险，有可能这种危险是致命的。不要因为一时的心血来潮而毁灭了自己。

对自己的未来没有预见的人，往往会被眼前的利益蒙蔽住双眼，而看不到远方的危险，他们的权力会在这个过程中丧失。所以，要学会高瞻远瞩，培养自己预见未来的能力。

感觉经常会欺骗自己，那些自认为拥有预见未来能力的人，事实上只是屈服于欲望，沉湎于自己的想象而已。他们的目标往往不切实际，会随着周围状况的改变而改变。

好的目标是成功的一半，人生不能没有目标，对于管理者和企业员工来说，为自己制定一个好的并且合适的目标是非常重要的。一个好的目标必须具备下列几项要求，缺一不可。

（1）目标应该是明确的

有些人也有自己奋斗的目标，但是他的目标是模糊的、泛泛的、不具体的，因而也是难以把握的，这样的目标同没有差不多。比如，一个人在青少年时期确定了要做一个科学家的目标，这样的目标就不是很明确。因为科学的门类很多，究竟要做哪一个学科的科学家，确定目标的人并不是很清楚，因而也就难以把握。

目标不明确，行动起来也就有很大的盲目性，就有可能浪费时间和耽误前程。生活中有不少人，有些甚至是相当出色的人，就是由于确立的目标不明确、不具体而一事无成。

（2）目标应该是实际的

一个人确立奋斗的目标，一定要根据自己的实际情况来确定，要能够发挥自己的长处。如果目标不切实际，与自己的条件相去甚远，那就不可能达到。为一个不可能达到的目标而花费精力，同浪费生命没有什么两样。

（3）目标应该是专一的

一个人确定的目标要专一，而不能经常变幻不定。确立目标之前需要做深入细致的思考，要权衡各种利弊，考虑各种内外因素，从众多可供选择的目标中确立一个。

一个人在某一个时期或一生中一般只能确立一个主要目标，目标过多会使人无所适从，应接不暇，忙于应付。生活中有一些人之所以没有什么成就，原因之一就是经常确立目标，经常变换目标，所谓"常立志"者就是这样一种人。

（4）目标应该是特定的

确定目标不能太宽泛，而应该确定在一个具体的点上。如同用放大镜聚集阳光使一张纸燃烧，要把焦距对准纸片才能点燃。如果不停地移动放大镜，或者对不准焦距，都不能使纸片燃烧。

这也同建造一座大楼，图纸设计不能只是个大概样子，或者含糊不清，而必须在面积、结构、款式等方面都是特定和具体的。目标应该用具体的细节反映出来，否则就显得过于笼统而无法付诸实施。

（5）目标应该是远大的

目标有大小之分，这里讲的主要是有重大价值的目标。只有远大的目标，才会有崇高的意义，才能激起一个人心中的渴望。请记住，设定目标有一个重要的原则，那就是它要有足够的难度，乍看之下似乎不易达成，可是它又对你有足够的吸引力，使你愿意全心全力去完成。

当我们有了这个心动的目标，如果再加上必然能够实现的信念，那么就等于成功了一半。未来的蓝图由自己规划，明天的美好由今天的目标决定，有规划，才有美妙人生。

◆ 规划自己的人生线路

人的一生如此短促，一些小小的成功，固然只需要付出很小的精力及很短的时间，但想要获得较大成就，一定要投入很大的精力及很长的时间。以一天为例，只要集中精力有效利用这一天，日后还是会留有这一天努力的成果。而如果不立目标，人云亦云，改变了最初的打算和自己的生活方式，得过且过。一天如此，一周如此，一月如此，一年如此，一生都是如此。在目标的实现过程中，既有有利条件，也有不利条件，你必须认真分析，从而利用有利条件，克服不利条件，通过认识这些主客观条件去制定实现目标的计划。同时你要了解制订计划、达到目标的过程中自己所必须具备的素质、能力、条件等，找出限制目标实现的阻碍，如性格上的缺陷、情感过于轻浮、做事缺乏头脑，等等。这些都是阻止你前进步伐的绊脚石，你必须先看清楚，正视它们，才能达到使梦想与现实的完美统一的层次。

首先，了解自己想做什么。

按愿望关系分类，可将人分为：

（1）确切知道自己在生活中想做什么并且付诸实施的人。

（2）不知道也不想知道自己想做什么的人。他们害怕自己有理想。他们说："我实际想要的东西，从来没得到过。所以我干脆也不去想了。"这些人实际上并不知道他们想要做什么。一个愿望刚出现在他们的意识中，就已被他们扼杀在摇篮里："我能做到吗？我有资格做吗？别人将会怎么说呢？如果我不能胜任它，结果会怎样呢？"如果说这些人也想做些什么的话，那也只是别人想做的而不是他们自己想做的。

（3）看起来非常清楚自己想做什么的人。而实际上他们对此却一无所知。他们与上面提到的两类人的区别在于：他们非常重视给别人留下一种印象，好像他们知道自己想做什么。这使得他们比较自信，看起来也比别人略高一筹。

其次，了解自己能做什么。

按能力关系分类，同样可将人划分为三类：

（1）过低估计自己的人。

（2）无限高估自己的人。

（3）正确估计自己，能得到他们想要得到的东西。

第三，将愿望和能力、现实相统一。

拥有一份计划的第三点在于，将我们想做和我们能做的与现实相统一。这是因为，只有将我们实现愿望的多种情况都考虑在计划之内，我们的愿望才能得以实现。

简而言之，我们所有的愿望的极限是我们自己。我们应该了解：我们今天是什么，我们今天能做什么。不是别人是什么或者别人能做什么，或者我们自己期盼着明天是什么。要想获得幸福，我们必须动用我们所拥有的一切。大多数人都心存不满，其原因只有一个：他们至今都不懂，如何从自己的生活现实出发，去做得更好。

第四，为了达到目标，必须学会放弃。

当今时代的一个典型特征，就是人们认为他们不应错过生命所赋予他们的一切。那种抑制不住的贪婪欲望促使他们想知道一切，达到一切，拥有一切，搞得自己一生就像是在进行百米赛跑。

为了不错过一切，很多人忽略了这个不容改变的现实：在我们的生活中没有任何东西，绝对没有任何东西，让我们不需要为它付出相应的代价。这种代价就是放弃。

因为我们总是在想我们想得到什么，而不去想为了得到它我们必须放弃什么，所以很多人的一生中都不断地充满了失望。

他们想拥有别人所拥有的一切，想立即拥有并尽可能地拥有。当然他们还想拥有永远的安全，而在这种安全第二天就消失时，他们会感到极度地失望。

为什么会这样呢?

答案既简单又明了：他们制定了一个目标、一个理想、一份计划，但他们没有同时决定为了达到这一目标自己应首先放弃什么。

所以，拥有一份计划，用以消除所有影响，去做有利于我们的幸福、成功和自我实现的唯一正确的事情，这意味着：

一方面我们必须做出决定，什么有利于实现我们的计划，并要毫不犹豫地去实施这份计划。

另一方面我们必须决定，尽管有些东西目前看起来十分诱人，却不利于计划的实现，所以必须放弃它们。

规划自己的人生线路，只有从以上四个方面着手，才能勾勒出自己清晰的人生轨迹。

当你认清了自己的位置，决定了自己的最终目的地，就应该规划自己的人生线路，条条大道通罗马，你必须选择最适合自己的路。

◆ 不给自己留退路

不少人在任何情况下都可以为自己的理想奋斗到底，而不会受周围环境的影响。他们的自我控制很强，可以运用自己的想象力形成自己独到的思想和观念，有自己的欲望及理想。不能自我控制的人，只能凭感官印象而得出一些观点想法，因而会受到别人或外界环境的左右。思想引导控制我们的行为，其重要性是不言而喻的。普通人没有自己的思想，只会随波逐流，看别人做什么自己就想做什么，从不考虑一下自己究竟真的需要什么，怎么做才对自己最好，因为这些人的思想一旦受外界影响，就会产生强烈的模仿倾向，长此下去他们就会失去自己的主见。因此易受外界影响的人容易形成虚假的欲望，这样的欲望其实是误导性的，并非自己的真正欲望。

秦末农民起义领袖西楚霸王项羽，在和秦国开战前，他做了个胆大的决定，而正是这个决策让他赢得了这场战争的胜利。他要指挥军队与秦军作战，而秦军在人数上占优。双方的军队驻扎在河的两岸，他带着军队坐船到了秦军的阵地，命令士兵把船只和做饭的大锅全部砸坏。在战斗开始之前，他这样激励对士兵："现在船没了，锅灶也砸坏了，你们回不去。如果不打胜仗，我们就只有死路一条。现在我们已经没有退路了，要么战胜对方，要么就是灭亡。"

结果他们胜利了。每个想取得成功的人，都必须有破釜沉舟的勇气，切断自己的退路，把全部精力用在打好“这一仗”上。只有这样才能保持一种必胜的心态，而这正是成功的关键。

伟大的思想是实事求是的，绝不受外界的任何影响。欲望是生命中最伟大的动力之一，因此确保我们的欲望追求都是正常的，也是符合自身利益的，只要这欲望是符合人性，而且不会损害到他人的利益就是值得尊重和支持的。但是任何在外界影响下产生的欲望，对于受到影响的人来说，都不可能是自己真正的欲望，多多少少都有些不正常的地方。因此，如果人总是受到他人和环境的影响，而不去问自己究竟需要什么，就很容易迷失自我。

很多人要都迷失了自我，不能做自己想做的事，过自己想要的生活，无法实现自己的追求和价值。他们的生活很累，也很无聊和枯燥，总是对着自己的理想叹息。而造成这一切的根源，往往就是不正常的、虚假的欲望。这些人不考虑自己的实际需要，而是一味地模仿和借鉴别人，总是跟随别人，将别人的欲望拿来作为自己的欲望，以为这就是自己想要的。他们从不想想自己能做什么，从不考虑自己的实际情况。模仿别人的生活、习惯、行为甚至追逐别人的欲望，这带来的后果就是不能过真正属于自己的生活。

也有一小部分人从来不会迷失了自我，因为他们不会随大流，只做自己想做的事情，总能保持独立地思考。他们想做的一切，都是自己想要的生活，他们的生活才是真正的生活，因为过的开心。

◆ 你能控制一切

本杰明·富兰克林在雷雨即将到来的时候，往天空放了只风筝，由此发现了电流。正是因为他，人们才得以逐渐掌握电力，并将之用于日常生活。富兰克林成功地接触到了大自然的一种力量之源。

在富兰克林之前的几千年，耶稣诞生之后的数个世纪，一直都有人像富兰克林一样探究生命的秘密。一些人获得了成功，如像利莎、利亚以及摩西这样的先知，已经触摸到了力量的起源，所以当他们获得了这样的力量时，就会变得锐不可当。

富兰克林发现了电，通过不懈的研究和探索，终于把这种以前认为能“劈死人的”、具有毁灭性的的神力变成了为人类服务的仆人。电本身没有改变，还是和之前一模一样，是人类对它有了新的认识。

无法控制的闪电对人类来说是个灾难，通过不断的学习人类已经能够掌控它，让它为自己服务。只要按下一个按钮，你的家就会一片光明；只要按下一个按钮，你就会接收到来自千里以外的新闻消息；只要按动一下开关，就可以产生巨大的热量，能将生硬的稻米蒸成喷香的米饭；再轻轻按动一下，又可以将这些力量收回。

从前有这样神通广大的仆人吗？然而电力并不是内在的生命之力。即使是现在我们仍然对这种力量一无所知，我们偶然能够接触到它，但那仅仅是巧合，我们不能随时掌控这种力量。

阿德拉德·普鲁克特有这样一首诗《迷失的音符》：

一天我坐在风琴前，

身心无比疲倦；

我的手指，

在那些吵闹的琴键上无力地游走。

对自己弹奏的音乐，对自己曾经的梦想。

我一如所知，

但我仍然敲动着音乐的音符，

像是神圣的祈祷。

音乐中弥漫着深红色的微暗之光，

如同圣歌的结尾，

我的满腔赤诚，

都蕴含在那一片无边的宁静中。

它平息了痛苦和忧伤，

如同爱抚平争斗一样，

它像是和谐的回声，

来自我们混乱的人生。

所有的困惑，

在此豁然开朗，

它们纷纷重归静默，

带着不情愿的情绪。

我徒劳地寻找，

但是一无所获，

风琴那迷失的音符，

已经和我融为一体。

也许是死亡天使，

会再次唱出这样的旋律，

也许只有在天国之中，

我才会听见这样神圣的“阿门”。

我们的脑海中都常常会浮现出一些东西——一些音乐的旋律、演讲的精彩词句，或者陌生的诗句。成功的画面、精彩的奇思妙想、随时可能遇到的机遇，这些都是你内心的财富和力量。

只要你轻轻敲开这个宝藏的大门，你就能够收获成功；只要你敲开这扇门，你就接触到了无限可能的世界诶。

如何做到这一切？怎样走入这扇门？这需要你唤起你内心的圣灵，唤醒你内心的神力，需要你理解内心的潜意识。

第三章
成功要先确立目标

没有目标，不可能发生任何事情，也不可能采取任何步骤。如果个人没有目标，就只能在人生的路途上徘徊，永远到不了任何地方。

◆ 成功源于明确的目标

当你一开始就没有明确的计划，对于成功的梦想总是犹豫不决，也缺乏有价值的目标。当你在步入社会后，只是为了找个工作，而且这份工作还不一定适合你，你似乎对此也无所谓。没有任何雄心和抱负去激励你追求更高的目标，你情愿这样平庸的生活下去吗？

从获得成功的条件来说，拥有出色的才干、受过高深的教育和有着良好的身体条件还不够。无数具备这三个条件的人仍然失败了，他们甚至仍然过着平庸的生活，因为他们没有以积极的态度去争取成功，由于缺乏巨大的动力和崇高理想的激励，他们的能力也就没有得到充分的施展。

歌德说："人的一生中最重要的就是树立远大的目标，并且以足够的才能和坚强的忍耐力来实现它。"

许多人在竞争中失败，并不是由于自己的失误，而是没有远大的目标。他们不再进取，只是源于人性的一些弱点。他们中的不少人缺乏坚韧、目标和意志，而其他一些人则缺乏决断力和勇气。实际上，这些不幸的人如果能再坚持一下，也许就可以获得成功了。

无论你拥有怎样的雄心壮志，都请你集中精力去为之努力，而不要左顾右盼，意志不坚。

不要给自己留退路，只管一心一意为了理想而奋斗。只有集中精力，才能获得自己想要的成功，从而体现自己真正的人生价值。

只有在伟大目标的激励下，只有执著地追求有意义的人生，你才能在世界上做出一番了不起的成就。成就的大小与成就本身，在很大程度上都取决于你的进取心和决断力。

如果你到现在还没有在这两方面做好充分的准备，那么你必须从现在开始就一定要努力培养这方面的品质，否则你将会一事无成。世界上没有哪一个有成就的人不是通过不懈的努力才达到目标的。而一旦进取心消退了，你就会失去前进的动力，甚至还会有倒退的可能。

著名的哈佛商学院对一群刚踏入社会的青年做了一个调查实验，这个实验长达25年之久，在这群被调查的青年中，3%有十分清晰的长远目标；10%有清晰但比较短期的目标；60%只有模糊的目标；27%的人没有目标。

25年以后，又重新翻开这份调查表，当他们看到那3%有清晰且长远目标的人时，他们都成为了社会各界的顶尖成功人士，拥有自己的企业；那些拥有清晰短期目标的人，他们都生活在社会的中上层，有比较稳定而且较高的收入；那60%目标模糊的人，他们都生活在社会的中下层，只有一个安稳的工作，但只能维持收入与开支持平的状况；最后的27%，他们是这群人里最差的，都生活在社会的最底层，经常处于失业状态，有时还需要社会的救济才能度日。

下面我们来看一则小故事，借此我们能更清楚地认识到目标的重要性。

在一个富人的家里，有一匹马和一头驴子。马和驴子是很好的朋友，马常常和主人到外面去旅行，驴子在家里拉磨。它们的日子过得舒坦而平淡。有一天，主人想游玩自己国家的每一块土地，浑身散发着活力的马也将跟着主人出发，在出发的那天夜里马很高兴，它不时地对驴子说："你知道吗？这是我一生最大的梦想，明天就要出发了，我不知道要多久才能回到这儿，但是一想到我的梦想、我的目标，我就浑身是劲。"

驴子听了马的话，对马这样说道："算了吧！我可是听起来就害怕，要走那么远，我可能走不到一半的路就得倒下。"

转眼许多年过去了，马和主人又回到了家里。那天晚上，马向驴子谈起了这次旅途的经历，浩瀚无边的沙漠，高入云霄的山岭，凌峰的冰雪，江河的奔流……

听完马的经历，驴子惊叹着说道："虽然我很羡慕你的这些经历，可是那么遥远的路，我根本没有勇气走完。"

这时的马已经不是当年那匹小马了，它对驴子这样说道："其实，我们行走的距离都差不多，你想想我在行走时，你也在围着磨盘转。唯一的不同是我向着目标前行，而你只是围着磨盘打转，我拥有了那么多的经历，而你却永远走不出这个狭隘的天地。"

所以，只有我们知道自己的目标在哪儿，才能走上正确的轨道，奔向正确的方向。有了目标，即使在做一件最微不足道的事情，也会尽职尽责。在工作中，有些员工没有目标，而使工作变得乏味，使生活也变得不再有意义。而有目标的人在工作中总是能够创造价值最大化，获得更长远的发展。

◆ 清楚自己想要的

我们必须知道自己想要什么，因为人生的成败完全系于自己，一个不知道自己想要什么的人，就不可能抓住适合自己的东西。

人与人的差别任何地方、任何年代都存在，并且这种差别是无法绝对消除得了的。

大千世界，芸芸众生，每个人的人生际遇都是各不相同的。只要你留心周围的人，就会发现有的人成功，有的人失败；有的人常常遇到好机遇，甜多于苦；有的人则总是遭遇坎坷磨难，苦多于甜。

造成人生幸与不幸的根本原因何在？换句话说，人们命运差异的根源，到底是外界的社会，还是我们自身呢？

对于这一问题的回答，很多人都会选择外部因素。他们认为，人生之所以会有种种不幸的产生，不是因为自己不好，而是因为社会不公。

具有讽刺意味的是，持有这种认识的人往往更容易遭受不幸，而不幸的降临反过来又加重了他们对社会的不满，使他们更加怨天尤人。于是，人生便陷入了一种恶性循环。

鲁迅先生曾经教人：“幸福地度日，合理地做人。”可以肯定地说，人人都想幸福地度日。但要想度日幸福，就离不开做人的合理。这句话也点明了一个道理：人生是否幸福，根本原因不在社会，不在他人，而在自己，在自己是否能够“合理地做人”。

所谓做人合理，具体说来，主要包括生理、心理、伦理三个方面：锻炼好自己的身体，身康体健，就会符合生理之理；加强个人的修养，保持心理平衡，就会符合心理之理；正确处理人际关系，协调好社会交往，就会符合伦理之理。只有“三理”合为一体，相辅相成，相得益彰，做人才有幸福可言。

在人生的发展阶段上，做人合理则表现在科学地安排自己的一生，把握好人生发展的几个关键阶段：

第一阶段的重点是自己。要把握好自己，不迷失人生的方向，不朝三暮四、飘忽不定，才能随心所欲。要达到这种境界，就必须建立起自信心，养成良好的习惯。

第二阶段的重点是如何对人。要懂得人情世故，明白什么是人之所好，什么是人之所恶；什么是善意，什么是恶意。只有通晓了人情世故，才能适应人情的需要，拥有好人缘，获得好口碑。

第三阶段的重点是如何超越别人。要学会做领袖人物，不随波逐流。领袖有大有小，但无论是大是小，你都得知道部属的人情，具备上情下达和下情上达的本领，使情感交流畅通无阻，情感运用周转如意，才能够真正扮好领袖的角色。

协调好生理、心理、伦理，处理好对己、对人、超人，做人才能谈得上合理。具备了这一基础后，人才会在社会上通行无阻，获得生活的幸福。

人生都是多姿多彩的，每个人所做的梦都是不同的，你有你自己的需要、希望、价值观和优点，这是你的本质。如果你违背自己的本质，去做那些自己不愿意做的事情，那你的梦对于你来说将是一个恶梦，无论如何去改变都不会得到幸福、快乐。

一个人有怎样的生活，完全出自于他的选择，因为我们自己的命运就掌握在自己手里，能够有成就的人，首先是因为他们深知自己想要什么、通过什么途径可以得到。他们不会在乎别人的品评，只会把自己的目标作为自己前进的动力。我国南朝有名的唯物主义哲学家和无神论者范缜的《神灭论》问世后，朝野哗然，于是萧子良纠集一些文人和高僧与他辩论，都不能取胜。于是萧子良就派王融去对他说："《神灭论》的观点是错误的，你坚持这样的观点也会对自己不利，像你这样的才能还怕做不到中书郎那样的高官吗？你何必坚持？还是放弃这样的说法吧。"范缜大笑说："假如范缜卖论取官，早就做到尚书或左、右仆射了，岂止做一个中书郎呢？"我们活在世上要为自己活出点自己的个性和特色，要明确自己的目标和追求。伽利略可以为了自己的观点付出生命的代价，文天祥可以为民族尊严付出生命的代价。愿意为自己的追求付出巨大代价的仁人志士大有人在，与他们比起来，我们为自己的追求所付出的又能算得了什么？

一位企业领导者说过这样的话："当你对自己的生活不满意时，那么，这种生活就不是你需要的，虽然你现在所从事的工作使你应有尽有，但你自己所做的并不是你想要的。"我极为同意这位领导者的说法。一个人活着就是为了走到最前方，但是前方的路需要你用心灵之眼观看，如果你不清楚自己要走什么路，不明白自己的需要，那么很可能做出完全和自己的需要相反的选择，最后只能使自己与目标越来越远。

你要明白人生的路有很多条，并不是任何一条路都是最适合自己的。在人生的道路上，你可以一次选择到使自己能获得成功的路，但这是极少数的人，因为他们选择的道路是出于个人的兴趣、爱好和毅力，并且较好地把握了“自知之明”。对于更多的人来说，并不是一下子就能认清自己的本质，选准努力的方向。他们只有经历两次或多次的认识，再认识，才能找到属于他们自己的奋斗目标，走上成功的大道。

阿西莫夫是一位科普作家，也是一位自然科学家。他的成功，得益于对自己的再认识、再发现。一天上午，当他坐在打字机前打字的时候，突然意识到：“我不能成为第一流的科学家，却能够成为第一流的科普作家。”于是，他几乎把全部精力都放在了科普创作上，终于使自己成为当代世界最著名的科普作家。伦琴原来是学工程科学的，但是他在老师孔特的影响下，进入了物理学，并由此一发而不可收拾，因为他在物理实验中逐渐体会到；这就是最适合自己干的行业。后来，他果然成了一位很有成就的物理学家。

法国生物学家拉马克，由牧师转入军界然后再走出军界做了银行职员，之后又进入音乐研究和医学业。最后他遇到了卢梭，并通过卢梭认识到自己所需要的是什么，从此，他才进入了大有用武之地的生物科学界。

是啊！这些名人都是经过重新给自己定位而取得令人瞩目的成就。我们为什么不去好好想想自己现在所处的位置是不是自己最想要的呢？许多人都在自己并不喜欢甚至厌恶的岗位上工作着，干自己并不愿意干的工作。所以说，与其折磨自己，空耗人生，倒不如早做决断，另作打算。这样你获得成功就会更容易。

◆ 目标给我们带来什么

共同的目标，不见得随时随地都能够激发出每一个成员努力的动机。只有确立了前进的目标，一个人才会最大可能地发挥自己的潜力。只有在实现目标的过程中，我们才能检验出自己的创造性，调动起沉睡在心中的潜力，获取成功。

人生目标不只是我们所追求的最终结果，它在我们为之奋斗的过程中还有着不可替代的积极作用。可以这么说，目标是我们成功路上的里程碑。

有了一个明确的人生目标，不仅仅让我们有了前进的方向，还能使我们获取下面8方面的益处：

1. 明确的人生目标有助于产生积极性

当我们定下自己的目标后，这时的目标就能起到两个方面的作用：一、目标是我们努力的依据，有了目标我们才能更清晰地认识到自己是为什么而努力；二、目标是对我们的一种鞭策，目标不仅让我们清晰地看到自己的方向，更能让我们为自己的未来而积极地努力奋斗。但是我们要认识到，目标必须是可以实现的，如果给自己制定的目标不具体而且不能实现，那么，你得到的结果往往会事与愿违，它不仅不能给你带来积极性，反而会降低你的积极性。其实得到这种结果的原因很简单，因为向目标迈进是动力的源泉，如果你无法知道自己向目标前进了多少，你就会对自己的方向没有一个底，这样就会越来越泄气，成不了事也是理所当然的。

2. 目标是我们看清使命的望远镜

为什么我们身边的绝大部分人都感到失望？其实最大的原因是他们没有一幅对未来的清晰图画，他们没有改善生活的目标，更没有一个目标来鞭策自己。所以他们叹息自己的人生不如意，叹息自己的人生过得无光彩。

宾尼说过："一个心中有目标的普通职员，会成为创造历史的人；一个心中没有目标的人，只能是个平凡的职员。"是啊，人生没有目标，只会一事无成。

3. 制定一个明确的目标有助于我们更好地工作

一个明确的目标被制定后，我们同时也得到了一个最大的益处，它能帮助我们更好地安排日常工作的轻重缓急。一个没有目标的人，很容易陷入一些跟理想无关的日常事务中去。有人曾经说过："科研成果就是懂得该忽视什么东西的艺术。"所以分清事件的轻重缓急也是很重要的。

4. 目标还能激发出我们更多的潜力

没有制定目标的人，他们空有一身巨大的潜力而得不到发挥，他们只把所有的精力都放到一些无关紧要的小事情上，久而久之他们因为小事情的烦琐而忘记了自己应该做的。换句话，就是告诉我们，要发挥潜力，必须把所有的精力都用于自己有优势并且有高回报的方面。在这个时候，你所具备的优势就会更加有力地发挥。当你最终达成目标时，你自己成为什么样的人比你得到什么东西更加重要。

5. 目标使我们更好地把握今天

一生只有三天：昨天、今天、明天。这三个我们最应该把握的就是今天，虽然目标是让你向着未来，是有待未来实现的，但是目标能让人们把握住今天。

6. 目标有助于评估进展

失败者都有一个共同的问题，他们从来不评估自己取得的进展，就算这些失败者当中有极少部分评估自己的进展也只是偶尔几次。

目标提供了一种自我评估的重要手段。只要确立的目标是具体的，任何人都可以根据自己距离最终目标有多远来评估自己所取得的进步。

7. 目标有助于早做计划

成功者做事从来都是事前决断，而不是事后补救。成功者提前策划，而不是等着别人的指点做事。成功者不允许其他人影响他们的工作进程，所以不事前策划的人是不会成功的。

目标能帮助你提前策划，目标迫使你把要完成的任务分成一些更小的任务和步骤，这样更有利于目标的达成。正如富兰克林所说的："我总认为一个能力很一般的人，如果有个好计划，也是会有大作为的。"

8. 目标促使你更清晰地看待事物

随着你所制定的目标一个个地实现，你就会逐渐明白要实现目标所付出的代价，还能知道如何用最少的时间来创造最大的价值，同时，这时的你也能通过这两点来引导你制定更高的目标，实现更伟大的理想。这样你各方面的能力都会有所提高，你对自己、对别人也就有了更准确的看法。

没有目标，就意味着失去行动的方向。这是一个再简单不过的道理，但为什么还有很多人找不到自己的目标呢？最大的原因就是他们缺乏确定自己目标的能力。

◆ 别做没有回报的付出

任何一个成功者，他们都会在行动之前通过自己的思考来找到一个适合自己发展的方向，这个方向也就是我们所说的目标。在所有的成功者眼里，找准属于自己的目标就等于成功了一半。相反，对于那些失败者来说，他们没有一个准确的目标，总是做到哪算哪，因为他们这一大缺点，让他们永远地被成功拒绝在了大门外。所以任何一个人，只有先确立了人生目标，才有成大事的希望。

一个明确目标的确立，并不是很容易的，它需要从心理和经济两方面着手。我们都清楚一点，一个人的行为总是与他意识中的主要思想相配合，所以我们要把这个明确的目标深植在脑海中，并维持永远不变。在前两节的内容中，我们就提到一个人生活的改变必须从确立明确的目标开始。这是一个事实，例如，在上学时你对自己的成绩并不满意，一直想改变你的状况取得更高分，或者拿全班第一名，甚至全年级第一名。在有了这个信念后，你就需要确立一个明确的目标，并把这个目标深植到你的脑海里，时时提醒自己应该如何努力以达到这个目标。

王丽是云南某艺术团的队员，在她成功以后曾在自己的日记里这样写道："我成功了，在这成功的道路上，我通过亲身体验发现了这样一个道理，一个目标的制定对于任何人来说都是非常重要的。"

在团里王丽是顶尖的红人，在许多地方她也小有名气。在一次演出中，王丽很不幸地摔倒了，这次意外让她感到非常伤心，她不能从这次失败中走出来，于是她学着喝酒，她想通过渴酒来把那次失败的烦恼解除，可是她没有做到，不是有句话这样说吗：借酒消愁愁更愁，王丽不但把自己的身体喝得一蹋糊涂，也让自己的事业落到了谷底。

刘晓是她在艺术团里最好的朋友，她和王丽一样也有过这样的经历。于是她对王丽这样说道：你现在只有两条路可以走，要么戒酒重新站在舞台上，要么慢慢地等死！经过几天几夜的左思右想，王丽终于想通了，她要戒酒。

因为喝酒让王丽忘记了一些舞蹈要领，也让她忘记了一些很经典的台词，她很想回忆以前那些舞台上最优美的镜头，可是她无论如何都回忆不起来，这样更加坚定了她要戒酒的目标。

王丽为自己制定了一个明确的目标，让自己的事业更上一个台阶。为了达到这个目标，她开始远离酒瓶，如果有朋友邀她出去吃饭，她一定说这样一句话：“你们最好别给我要酒，可乐也不行，如果实在想让我喝就给我点茶水或牛奶吧！”因为王丽知道，在以后的人生中，她必须把现在的许多不良习惯改掉，她更清楚，只要始终坚持，她所制定的明确目标一定能够实现。

转眼间一年过去了，王丽通过不断的努力终于恢复如初，而且各方面的能力也有了很大的提高，在艺术团里，她的地位也更加稳固了。

王丽通过制定明确的目标，让自己走向了更加辉煌的成功。那么你们是不是也应该培养自己在某些方面强烈的期望呢？并把这一期望改变成自己人生追求的目标。

再看下面这个例子，某一天有一些人乘船出海，希望到达对面的海岸，当船走到一半路程时，海上忽然起了满天的大雾，船上的雷达系统也出了毛病。就这样，船一直在海上毫不目的地打转，当船把能够航行来回好几次的燃料烧完以后，仍然没到达对岸，没有办法，船长只能把船停泊在了海上，他们不知道现在在哪儿。一天过去后，大雾散尽，当大家看到外面时才发现，他们没有到达对岸，而是返回来了，只离他们的起始点一海里左右。

是啊，不论你处在什么样的环境里，没有明确的目标，以及一个达成目标的明确计划，不论你付出的努力有多少，也只能像那艘船只一样，永远到不了对岸。这时，即使付出再多的努力，付出再多的热情，也不可能得到成功。所以，我们不能做那些没有回报的付出，只有制定一个明确的目标，并为这个目标制定一个好的计划，才能在付出后得到回报。

目标和成功之间，就犹如我们和空气一样。如果没有空气，没有人能够生存下来，同样，没有了目标也一样没有人能成功。

◆ 人生“指南针”

我们曾经得到过什么，或者今天又获取了什么都不是最重要的，最重要的是我们在将来要获取什么。只有我们对未来的获取充满了希望，才能有所作为。所以，一个理想且完美的人生，需要从确定一个清晰、明确的人生目标开始，这个人生目标就像指南针一样，一直告诉我们获取成功最简短的路程。

一个明确的目标，将会使人生变得充满意义，你要为之付出的事也将清晰、明朗地出现在你面前。目标会为你解决以下这些问题：应该做什么；不应该做什么；为什么要去做；做了是为谁；做了之后将得到什么。

清楚了目标给我们带来的益处，我们就会为了实现这一目标而发挥更大的动力，当你将动力发挥出来时，所有的困难和挫折都将不堪一击。同样，在实现这一目标的过程中，我们的人生也更加有意义，许多惊奇和快乐会一一发生在我们身上。此时，我们身上的潜力也将出现，这种潜在的能力进一步让我们在各个方面都有所提高。

我们各方面能力的提高，都是一种自我改变的反应。对于许多人来说，改变自我非常痛苦，但是这种自我改变对于那些决心要获取成功的人来说，再多的痛苦都无所谓，反而会在改变的过程中享受到乐趣与幸福。因为他们知道这样做的结果是为了什么。

试问，我们之中有多少人能够非常自信地说："我的改变是一种人生乐趣的享受。"说实话，能够说出这句话的人少之又少，即便有大部分人说了，也是一种炫耀自己的借口而已。我们深深地思索一下，在我们没有定下目标，并为之付出努力时，我们敢说自己过着幸福的生活吗？对于我们来说，什么是幸福的生活？如何才能算得上是真正的幸福？这是我们必须要考虑的问题，如果我们对这些问题模糊不清的话，那么就绝不会知道明天该采取什么样的行动，怎样才会使生活变得充实而更加富有意义，更加具有目的性。

在我们思索人生的时候，我们会得到这样一个答案：人生不外乎是人的梦想与目标。当然，我们也不能把社会背景这一因素给忽略了。由于每个人的人生观及其价值取向都会因文化背景、生活环境、宗教信仰等方面而有所不同，因此，每个人的人生目标也会有所不同。比如说，有人追求物质上的享受；有的人渴望精神上的超脱。所以，正确地确立自己的目标是非常重要的，这个目标将会引导我们度过美满的人生。

汉斯·季默是一位著名的音乐人，在他37岁时就以《狮子王》的主题曲获取了奥斯卡最佳音乐奖。

汉斯曾经是德国法兰克福的一个钳工，不过他很小就迷上了音乐，他梦想着成为一名音乐大师，于是就将这一梦想作为追求的目标。由于买不起昂贵的钢琴，他自己用硬纸板制作了一张钢琴键盘，他用这个键盘练习贝多芬的《命运交响曲》，以至于把自己的手指都磨出了老茧。后来，他用自己作曲所挣的钱买了一架破旧的老钢琴，也就是这架老钢琴让他一步步成为了好莱坞电影音乐的大名人。

汉斯在每一次作曲中，都会融入其中，并因此常常忘记了和他人的约会，为此他也失去了许多爱情，更有一部分女孩骂汉斯是“音乐白痴”。

在婚后，他们夫妻之间更是因为作曲而发生了许多有意思的事情，他时常会给妻子做饭，可是很多次都会把米饭煮得一锅焦味。更有一次，他给妻子做面条，没想到面条煮到一半时，他竟然在地上作起了曲子，一晃半小时过去了，当他清醒过来时，面条已经成为了一锅糊粥。

汉斯对于自己追求的目标很努力，他的身上总是装着一个笔记本和一支笔。因为他在走路或者坐车时都会在本子上作曲，或者策划着下一首曲子的素材。更有一些时候，他会在半夜里起来，用手电照着写曲子，这一做法也得到了妻子相应的“爱戴”。

很多人常常生活在这样一种痛苦之中——看着别人朝着制定的目标前行，每天都会有所收获，而自己由于各种各样的原因，整天都生活在迷失之中，撞到哪儿算哪儿的。所以，想成就一番大事业，需要在人生的各个阶段精心打造生活的指南针，争取做到环环相扣，有条有理。

◆ 怎样制定目标

我们任何人都有一个隐藏着的优势，所以，我们看他人或看待自己时，不要总看弱势的一面，更应该多看、多挖掘隐藏着的优势。从许多方面来说，任何人都有属于自己的位置，决定这个位置的最大因素就是优势。所以我们必须给自己制定一个合理的目标，正如富兰克林所说："即使是宝贝，放错了地方也只能是废物。"

有很多一事无成者都固执地认为，那些在各行各业都有所发展的人天生就是这块料，从他们出生时就注定了会在自己的领域有所发展。其实正是由于这种观点严重地束缚了他们，导致他们在做选择时总是放不开手脚，也使他们失去了许多自我发展的机遇。

当然，我们不能一杆子打死所有人，在这个世界上也有一些人天生就是宠儿，这些人有着过人的长相，注定了是做影星与模特的材料。只是，除了那些少部分的天生宠儿之外，大部分的成功者在自己的领域内有所发展，都是通过他们努力追寻目标而达成的。虽然看上去他们的成功都很轻松，但是我们别把这些成功都归结于天生。

有这样一个年轻的小伙子，20岁时打算学开车，于是他把这个想法告诉了父母，父母听后对他这样说："你没有这方面的天赋，你还是做其他的吧！"小伙子听到父母这样说，在经过一段时间的考虑后，又想到了学厨艺做一名厨师，父母听到儿子的第二个想法后，母亲对儿子这样说道："你爸爸以前就想做一名厨师，在学了几个月以后老师说他没有天赋，所以他没有成功，你是他儿子这方面也应该没有天赋，所以别去了。"又过了一段时间，儿子对自己的父母说想去学木匠，这次仍然是父母以没有天赋为由打消了儿子的念头。儿子经过父母三番五次的否定后彻底失望了，失去了自己创业的激情，最终一事无成，平庸地度过一生。

所以，你在想好要做一件事的时候，一定不要相信他人所说的缺乏天赋，你要相信自己，然后放开手脚地去做，失败了也不要后悔。因为你不去尝试的话，怎么能知道自己会在哪方面有所发展呢？也许经过尝试之后，你反而会在这个领域有所发展。

同样有一个年轻人，他在开始做蛋糕师时，别人都说他没有天赋，可是他最终做出了许多别人无法做出的蛋糕式样。后来，他又在别人以天赋为由的劝阻下尝试做一名演讲师，这一次他又证明了自己是一个才华横溢、精力充沛的专业演讲者。

你过去对自己天赋及能力的看法，你过去发挥或缺乏天赋及能力的经验，别人对你的不肯定等，都是影响你前进的阻碍。你不应该任由这些继续在你面前耀武扬威，你应该自己把握、决定自己的未来。

目标是可以根据自己的个性特点及个人的兴趣来设定的。事实上，有一部分关于工作方面的名言，都是在告诉你需要做什么样的人，要往什么方向发展。俗话说：立大志，才能成大器。所以想成功，第一步就是制定一个属于自己的目标，那么，如何来制定目标呢？

1. 知道自己要做什么

在你前进的路上，你要时刻了解自己这样做到底是为了什么，只有清楚了自己的目的才能不再困惑。一个人只有知道了自己到底想做什么，知道自己应该怎么去做，才懂得怎样做才能事半功倍，这样一定会有所获取，因为没有什么困难能挡住一个拥有明确目标且努力奋斗的人。

2. 根据自己的兴趣选择目标

兴趣是最好的老师，做自己有兴趣的事往往可以不知疲倦地为之不懈努力。因此，如果你的目标恰好符合你的兴趣，那么你的旅程一定会更加快乐且充满激情。

华裔现代物理学家丁肇中在高中毕业后，认为自己感兴趣的是历史，可是经过多方面的调查后，他断然把自己的目标由历史学转移到了更感兴趣的物理学。后来，丁肇中认为，兴趣可以成为一个人发挥智慧夺取成功的动力，他对自己选择物理学更是这样说道："因为我有兴趣，我可以两天两夜，甚至更长时间地待在实验室里，守在仪器旁。我急切地希望发现我所要探索的东西。"有人这样问他："你这样做不感觉苦吗？"丁肇中这样回答道："不，不，一点也不苦，没有任何人要我这么做，刚好相反，我觉得这样做我会更快乐、更高兴。"

3. 根据自己的经验和经历确定目标

高尔基说过："一个人追求的目标越高，他的能力就发展得越快，对社会就越有益；我确信这也是一个真理。这个真理是由我的全部生活经验，即我观察、阅读、比较和深思熟虑过的一切确定下来的。"因此，只有根据自己的经验和经历确定的目标，才最为长久，也更容易坚持。

当你确定了目标以后，下一步便是鉴定自己的目标，或者说鉴定自己所希望达到的领域。如果你决心做一下改变，就必须考虑到改变后是什么样子；如果你决定解决某一问题，就必须考虑到解决中可能遇到的困难是什么。

当描述了理想的目标以后，你必须研究一下达到该目标所需的时间、财力、人力的花费是多少，你的选择、途径和方法只有经过检验，方能估量出目标的现实性。你或许会发现自己的目标是可行的，否则，你就要量力而行，修改自己的目标。

有许多满怀雄心壮志的人毅力很坚强，但是由于不会进行新的尝试，因而无法成功。请你坚持你的目标吧，不要犹豫不前，但也不能太生硬，不知变通。如果你确实感到行不通的话，就尝试另一种方式吧。

◆ 怎么管理目标

有目标还要学会管理目标，管理目标是一门学问，更是一门艺术。古语云：有志者立常志，无志者常立志。其实未必如此，就目前来看，在某些情况下很需要常立志。

那些百折不挠，牢牢掌握住目标的人，都已经具备了成功的要素。下面两个建议一旦和你的毅力相结合，你期望的结果便更易于获得。

（1）告诉自己“总会有别的办法可以办到”。

每年有几千家新公司获准成立，可是5年以后，只有一小部分仍然继续营运。那些半路退出的人会这么说：“竞争实在是太激烈了，只好退出为妙。”真正的关键在于他们遭遇障碍时，只想到失败，因此才会失败。

你如果认为困难无法解决，就会真的找不到出路。因此一定要拒绝“无能为力”的想法。

（2）先停下，然后再重新开始。我们时常钻进牛角尖而不知自拔，因而看不出新的解决方法。

成功者的秘诀是随时检视自己的选择是否有偏差，合理地调整目标，放弃无谓的固执，轻松地走向成功。

世界是在不断变化的，所以人的梦想也应该不断调整。例如，你希望明天有一个好的职业，这就意味着会有这样的一个职业在等着你，这个职业会给你带来更多的快乐与幸福。又或者你想象着有一个美满的家庭，这同样意味着当你找到了你满意的另一半时，你会和他（她）一辈子幸福地生活。但这样的事你们认为会发生吗？非常遗憾，实际情况并非这样。实际上，所有目标如果不做某些适时的调整，就会随着时间的流逝而慢慢失去光彩。

例如你天天吃一道你最喜欢的菜，那么久而久之，你对这道菜就不会再有以往那么喜欢了。因此说，一些特定的具体目标并不是我们为之奋斗的重点所在。当你发现以往的目标已经不符合现在的情况时，应该及时地调整目标以避免浪费时间和精力。这种调整不是无常，而是一种明智的做法。

生活中有许多人都有梦想，但是这些梦想大都不可能实现。其最大的原因就是不会调整自己的目标。众所周知，一个人的梦想要不断地坚持下去，但殊不知，梦想是需要通过一步步完成一个又一个小目标后，把这些小目标加起来才能实现。

当你初步制定自己的目标时，会感觉到这个目标的实现非常困难，甚至不可能实现。这时，你只要把这个人生目标分成一个个阶段性的目标，就会发现，原来那些非常困难且不可能实现的目标变成了一个个现实的目标。

在1995年时，美国政府对其国家的一部分私企和国企做了一个调查，调查结果显示，只有12%的公司可以真正达到期望的目标，剩下的88%都是在追求目标的过程中出现问题以致半途而废。另外他们对一般人也做了调查，结果更为吃惊，只有5%的人可以真正实行自己的计划，达成自己的目标。这个比率让太多人吃惊不已，这是为什么呢？其原因同样是对他们的目标缺乏有效的调整和管理。

对自己的目标进行有效的管理，把整个目标分解成一个个简单且易实现的小目标，这样做起来，将会更容易达成。你可以把你的目标想象成一个金字塔，塔顶就是你的人生目标，你设定的目标和为达到目标而做的每一件事必须指向你的人生目标。

不断设立新的目标是一个不断挑战自我的过程，也是让你不断进步的过程。如果你只满足于赚取能让你安稳生活的收入，那么就不会有更大的发展。你应该知道，实现需求目标是一个渐进的、成长的过程。一个人只有通过不断地为自己设立新的目标，在新的目标激励下，能力才会有所提高。

为什么目标会有长远目标和短期目标呢？其实，远景目标就是我们内心对将来的一个大致选择，这种远景的目标，是需要我们通过一个个短期目标来实现的。由于短期目标是对远景目标所做的基础，所以短期目标必须具体、明确。

有些人，他们渴望成为亿万富豪，但这种渴望不是一步到位的，它同样需要一步步来实现，当你达到100万或者1000万时，你离亿万日标就会越来越近。所以我们想成功，不妨先从规划自己的目标、管理自己的目标开始。

1. 设定一个明确的目标，然后每月或者每一个季度写下实现本期目标的计划。

2. 计划你的每一天，这是很重要的，在每一天的晚上你应该对第二天应该做的事有一个明确的计划和安排。

3. 在实现目标的过程中，应该持之以恒地走下去，不能有所间断，即使你处在人生的低谷或者你的事业发展不顺时，也不要放弃，只有这样才能有所成就。

那些成大事者，非常善于在行动之前，通过自己的思考和判断来找到一个适合自己能力发展的目标，因为在他们看来，找准目标就等于成功了一半。

没有人会怀疑在做任何事之前设定明确目标的重要性——然而，多数人都没有真正地牢记目标去生活，也没有认真地将自己的目标具体地写下来。

事实上，若是有一种目标值得你去达到，这工作就值得好好地计划和行动。

把想达成的目标，记录在纸上，这就好比你在旅游时，一定要先决定好目的地的道理是一样的。

目标越具体、越明确越好。但问题在于不管设定怎样明确的目标，如果潜在意识里认为不太可能，那么结果那个目标就不可能达到。所以，最好还是把潜在意识里认为可以做到的事当成目标，并时刻认同你的目标。

例如：自己实力太差，2年内无法考上某重点大学，那么干脆放弃当时入该大学的愿望。连自己的潜在意识都认为2年内不可能考上，那个目标十有八九是不会实现的，如果勉强以之为目标只会对自己产生副作用。

首先觉得不进全国重点大学，人生就不会成功这种想法就错了。不进重点大学也能成功的路很多，所以应该干脆转向，设立另一个努力的目标，对人生才有助益。假如一个机关公务员在潜意识里不敢相信自己在三年或五年内能成为处长时，那么他最好还是不要用这个来当目标。

不过尽量设立高目标，向着高目标努力，人生才会有乐趣。

只有低目标，人生是毫无意义的。所以目标自然还是越高越好，

但是也要潜在意识能认同的比较好。

计划是有趣的，没有它们，我们难以达到我们的目标。不过，达到目标之后，我们回顾之下，又明白我们并不是完全按照我们的计划才达到目标的。这么说来，我们必须愿意拟定一个计划，照它做，当一些更好的选择出现时，再放弃它。

要以能获得的最好方法，最好的工具来走向目标。越来越接近你的目标之际，这些方法与工具可能会有改变。不过，“此时”就拟定计划并且使用你目前能有的方法与工具来做事，是十分重要的。

拟计划也许不是舒服的事——你选择并且将那些选择以白黑字写下来往往不是挺舒服的——但其过程很简单。选一个你要你的目标达成的日子，将这日子写下来，并且拟定那时与此刻之间必须发生的所有事情的日程表。

日程表要常做，做到你知道“下一步”该做什么。要能随时采取走向你的目标的每一步行动。关于你的下一个行动步骤，如果你说“我要到下星期才能走那一步”，那么几乎必定有一个你“现在”就能采取的比较小的行动步骤。可能是打个电话、看一本书或收集资讯。可能是规划下一天、写下好事，或者说一项决定。安排一下，以便你随时都有一件事可以做来走向你的目标。

为你已有的东西排一下“维修”活动日程表。维修你已有的东西，将你的梦付诸生活。拟定计划并且有方法地获取你还没拥有的东西，叫“追求你的梦想”。

在将你的梦想付诸生活与追求你的梦想之间，不会剩下多少时间

做别的事。怎么样？在这两者之外，人生还有什么别的吗？这两者就足够构成充实的一天了——并且构成一个充实的人生。

就这么规划吧！

◆ 做好一切准备再行动

问大家一个问题，在这个世界上有没有一件事情可以不经过准备就能够完成，答案一定是：没有!

对有准备的人来说，危机中往往隐藏着能够改变命运的机会。

曾经有人做过一个调查，世界500强企业名录中，每过10年，就会有1/3以上的企业从这个名录中消失，或低迷，或破产。总结这些企业衰落的原因，人们发现，春风得意之时正是这些企业衰落的开始，因为正是在这个时候，他们忽视了危机的存在，忘记了产品开发以及经营管理的超前性，对前景盲目乐观，而且忽视了为企业的长远发展所必需的准备。

反观在500强中长期站住脚的企业，则对危机有着另一种认识，比尔·盖茨就是一个危机感很强的人。当微软利润超过20%的时候，他强调利润可能会下降；当利润达到22%时，他还是说会下降；到了今天的水平，他仍然说会下降。他认为这种危机意识是微软发展的原动力。微软著名的口号“不论你的产品多棒，你距离失败永远只有18个月”，正是由于这种危机意识，这些企业才会把准备当成第一任务。因为，当一切准备充足时，你就不必害怕任何危机了。

有一天，猴子在树林里见到山猪在一棵大树旁拼命地磨牙。猴子非常奇怪，走过去问山猪：“现在既没有别的动物来伤害你，也没有猎人来捕捉你，为什么还要这样努力地磨牙呢？”

山猪笑着说：“现在磨牙正是时候，你想一想，一旦危险来临，我哪还有时间磨牙呀！现在磨得锋利点，等到用的时候就不会慌张了。”

这只山猪太聪明了，它知道在危险还未来临之前就把牙磨利，不然的话，很可能会在与其他猛兽的搏斗中丢掉性命。唉！有些时候，动物比人要聪明许多。动物已经把居安思危、未雨绸缪变成了一种本能，而有些人却没有明白这个道理，往往自恃强大而忽视准备的重要性。

从古至今还没有任何一个伟大的成就是没有经过准备就完成的。就算在某些时候我们无意之中成就了一些事情，也是我们之前做过一些准备。例如你今天获取了500万的大奖，也是你花了2元钱做准备而得到的。

古人云：“兵马未动，粮草先行。”其实这句话所说的也是同一个道理，做任何事情都要有一个准备过程。想成大事，如果不经过任何准备就开始行动，绝对不可能成功，只会失败。所以，欲成就大事，需要做足准备，这也是那些成就大事者必须做的铺路工作。

如果一个长跑选手，他没有经过一些准备就参加马拉松竞赛，那么，一定不可能取得好成绩，一个在马拉松竞赛中获得好成绩的人，是经过了很长时间的准备才获取的。我们看看一名马拉松选手必须做的准备工作：

准备一双最适合自己的跑鞋；穿着跑鞋学习一些基本的动作；培养正确的饮食习惯；每天都坚持长跑几英里；随着时间的增加，长跑的距离也开始增长；阅读长跑方面的各种书籍；在每一场比赛之前都要勘查所经过的路线；随着以上的准备工作完成，选手还要面对一些心理上的挑战，所以一名选手还应该提高自己的心理素质。

以上多方面的准备工作是决定一位马拉松选手能否获得好成绩的关键因素，也因为他所做的准备让他的胜算提高了许多。所以充分的准备能为成就大事打下牢固的基础。

换一个角度来看，我们所做的每一件事，都是在为另一件事情作准备工作，为什么这么说呢？因为我们做的所有事都是为了更好的生活。

在17世纪有这样一句格言："准备是幸运之母。"诚然，世上没有哪一个成就大事的人不需要做准备，虽然有一部分人成就事业是靠运气，但是他的这一份幸运中必然会有一些准备工作在里面，只是你观察事物的角度不同罢了。

只有做好稳妥的准备，才能充分发挥潜能，展现自己独一无二的优势；然后，才会享受到成就大事所带来的高度满足感。

如果一个业务员，他在谈业务时不急不忙，想到什么便说什么，至于涉及业务关键问题的东西却并不一定进入谈话主题。毫无疑问，这样的业务员，在自己的事业上必定是无法有所成就的。现代商业往往业务繁忙、应接不暇，所以，商谈中的每一句话都要针对业务本身，万万不可拖延。

比尔·盖茨说过："我最厌恶的，就是谈话抓不住重点、旁敲侧击、不着边际，结果，说来说去也使人无法把握他谈话的要点，这样的人常常使我感到厌倦，我也不愿意把时间浪费在和这种人的交谈上。"说话不爽快而喜欢绕圈子的人，虽然在业务上会下功夫，但往往做不成什么大事。成就大业务者是那些做事爽直、谈话简捷的人。

但是一个做事爽直、谈话简捷的人，也需要为此做足准备，需要在日常生活中有意地训练，能集中思想，做到处事有条不紊、谈吐简洁明了，只有通过这样的准备，才会在将来的日子里养成简捷的习惯。

同时，从一个人的书信上也可以看出他是否养成简捷的性格。有多人写信函往往是不合格的，不是过于冗长，就是写得拖泥带水。有一部分人也正是因为写不好一封求职信而错过许多好的职位。

里杰斯是一家公司的人事部经理，他在阅读求职信时往往会把简洁的放在一边，因为他知道能写出一封简洁求职信的青年，肯定会是一个做事不拖拉，雷厉风行的有为青年。而其他写信冗长的青年或写信夸夸其谈的青年，里杰斯认为根本没有必要和他们交谈。

在商业上，信函写得如何是决定着这个企业能否获得业务的关键。一封清楚简洁的商业信函远比一封冗长的信函更能发挥作用。一个人一旦学会了简捷的做法，就不会再写出句子冗长、结构散漫的信函来了。这种练习常常会改进一个人的思想。写信要简洁，同样，与人谈话也要简捷。然而，这一切的简捷都出自于我们平常所做的准备，也只有准备充足的人才有能力去这样做。所以，在这里我奉劝大家好好地为自己的未来做足准备吧！只有如此，你才能成就心中的大事。

◆ 把目标“化整为零”

怎样才能成就大事？成就大事需要有足够的能力，还需要经过长久的磨练。

任何一位成就大事的成功者都善于“化整为零”，他们对任何事情都从大处着眼，从小处着手。换一句话就是说，成大事者他们制定了一个伟大的目标，然后把这个目标分化成一个个小目标，这些小目标实现以后，大目标也就实现了。

不把一个大的目标分开来逐一实现，你会感觉到在很长一段时间内你都不会达到目标，这样就会让你失去信心，也会感觉到非常的疲惫，可能因此而放弃你追求的目标。

有一位老人，他想通过步行走遍自己国家的每一寸土地。这一个伟大的梦想，对于其他人来说无疑是天方夜谭，根本不可能实现。可是老人通过自己的努力在许多年后终于走遍了自己国家的每一寸土地。后来有人问老人：“你走完这么长的路需要多大的勇气啊！”老人笑着对这个人说道：“我没有多大的勇气，我只是把我需要行走的路程分为很多段路。例如A城市走到B城市有100英里的路程，我就把这100英里的路程分为10次或20次走完，那么我每次只需要走10英里甚至5英里。就这样一个日标一个日标的完成，最后我终于实现了我的梦想。”

是啊，通过老人的例子，我们是否会感觉到实现一个远大的目标并不困难呀？把一个远大的目标分解成具体的小目标，分阶段地逐一实现，你可以尝到成就大事的喜悦，继而产生更大的动力去实现下一阶段的目标，把许多个小目标实现后加起来你就成就了一份大事业。

小雷雷是一个非常淘气的小孩子，一次犯了错误被爷爷罚去搬南瓜。当小雷雷看到堆了一地的南瓜时傻眼了，跑回去对爷爷说：“爷爷，那么多的南瓜，不止100个吧！我什么时候才搬得完啊！”

“小淘气，哪有这么多南瓜，走，爷爷陪你一起搬。”

几分钟后，爷爷和小雷雷搬了8个南瓜，爷爷又对小雷雷说道：“看吧！8个南瓜已经搬完了，只有16个了。”

又过了一会儿，他们把16个南瓜也搬完了，爷爷又笑着对小雷雷说：“现在只有25个南瓜了。”

2个小时以后，小雷雷和爷爷已经搬完了所有的南瓜，这时候爷爷对小雷雷说：“小淘气，你知道为什么搬完这么多南瓜都不感觉到累了吗？”

小雷雷摇了摇头对爷爷说：“我不懂，我也不知道您为什么把这么多南瓜看成几个或十多个。”

爷爷拉着小雷雷的手一边走，一边对他说：“今天搬南瓜的事你要牢牢地记在心里，当你长大懂事了就会明白是什么原因。不论你与你的目标有多遥远的距离，都不要担心，你只要把你所有的精力都集中在很短的距离上，不让那遥远的距离令你烦闷，你就会快乐地把所有事情都做完。”

许多年后，当年的小雷雷已经是一家公司的经理了，当年爷爷对他说的话仍然记忆犹新，在任何时候他都会把爷爷说的话转达给自己的员工和其他更多的人。

许多人做事之所以会半途而废，并不是因为困难大，而是害怕距离较远，正是这种心理上的因素导致了失败。只要把长距离分解成若干个距离，逐一跨越它，就会轻松许多，而目标具体化可以让你清楚当前该做什么，怎样能做得更好。

李伟是一位拥有出色业绩的推销员，可是他对现在的成绩仍然不满意，他希望获取更大的成就，能让自己跻身于最高业绩的行列中。在刚开始的一年内，这只是他的一个想法，他从来没有为了这个想法而努力过，因为他在心里这样想到：要得到这样的成绩太难了。

一天，李伟在一本叫《我们为什么还没成功》的书上看到这样一句话："如果能让一个大的愿望更加明确，这个愿望总有实现的一天。"于是李伟开始为自己的愿望做一个计划，李伟在笔记本的最上面一排画了一个圈，这是他要达到的目标。然后从画圈那一页的最后一排开始往上做标记，他在上面写好了哪里提高5%，哪里提高10%，就这样李伟一步步地实现了他的目标。这个愿望的实现也激发了李伟的热情，从此他不论什么状况，任何交易，都会设立一个明确的数字作为目标，并在一两个月内完成。

工作是要有章法的，不能眉毛胡子一把抓，要分轻重缓急！这样才能一步一步地把事情做得有节奏、有条理，达到良好结果。在紧急但不重要的事情和重要但不紧急的事情之间，你首先去办哪一个？面对这个问题你或许会很为难。

在现实生活中，许多人都是这样，这正如法国哲学家布莱斯·巴斯卡所说："把什么放在第一位，是人们最难懂得的。"许多人都不幸被这句话言中，他们完全不知道把人生的任务和责任按重要性排列。他们以为工作本身就是成绩，但这其实是大谬不然。

在确定了应该做哪几件事情之后，你必须按它们的轻重缓急开始行动。大部分人是根据事情的紧迫感而不是事情的优先程度来安排先后顺序的。这些人的做法是被动的而不是主动的。懂得生活的人不是这样，而是按优先顺序开展工作。以下是两个建议：

1. 每天开始都有一张优先表

伯利恒钢铁公司总裁查理斯·舒瓦普曾会见效率专家艾维·利。会见时，艾维·利说自己的公司能帮助舒瓦普把他的钢铁公司管理得更好。舒瓦普说他自己懂得如何管理，但事实上公司不尽如人意。可是他说自己需要的不是更多的知识，而是更多的行动。他说："应该做什么，我们自己是清楚的。如果你能告诉我们如何更好地执行计划，我听你的，在合理范围内价钱由你定。"

艾维·利说可以在10分钟内给舒瓦普一样东西，这东西能使他的公司的业绩提高至少50%。然后他递给舒瓦普一张空白纸，说："在这张纸上写下你明天要做的最重要的六件事。"过了一会儿又说："现在用数字标明每件事情对于你和你的公司的重要性次序。"这花了大约5分钟。艾维·利接着说："现在把这张纸放进口袋。明天早上第一件事情就是把这张纸条拿出来，做第一项。不要看其他的，只看第一项。着手办第一件事，直至完成为止。然后用同样方法对待第二件事、第三件事……直到你下班为止。如果你只做完第一件事情，那不要紧。你总是做着最重要的事情。"

艾维·利又说："每一天都要这样做。你对这种方法的价值深信不疑之后，叫你公司的人也这样干。这个实验你爱做多久就做多久，然后给我寄支票来，你认为值多少就给我多少。"

整个会见历时不到半个钟头。几个星期之后，舒瓦普给艾维·利寄去一张2. 5万美元的支票，还有一封信。信上说从钱的观点看，那是他一生中最有价值的一课。后来有人说，五年之后，这个当年不为人知的小钢铁厂一跃成为世界上最大的独立钢铁厂，而其中，艾维·利提出的方法功不可没。这个方法还为舒瓦普赚得一亿美元。

2. 把事情按先后顺序写下来，制订一个进度表

把一天的事情安排好，这对你成就大事是很关键的。这样你可以每时每刻集中精力处理要做的事。但把一周、一个月、一年的时间安排好，也是同样重要的。这样做给你一个整体方向，使你看到自己的宏图。

真正的高效能人士都是明白轻重缓急的道理的，他们在处理一年或一个月、一天的事情之前，总是按分清主次的办法来安排自己的时间。

商业及电脑巨子罗斯·佩罗说："凡是优秀的、值得称道的东西，每时每刻都处在刀刃上，要不断努力才能保持刀刃的锋利。"罗斯认识到，人们确定了事情的重要性之后，不等于事情会自动办得好。你或许要花大力气才能把这些重要的事情做好。始终要把它们摆在第一位，你肯定要费很大的劲。下面是有助于你做到这一点的三步计划：

（1）估价。首先，你要用目标、需要、回报和满足感这四项内容对将要做的事情做一个估价。

（2）去除。第二是去除你不必要做的事情，把要做但不一定要你做的事情委托别人去做。

（3）估计。记下你为目标所必须做的事，包括完成任务需要多长

时间，谁可以帮助你完成任务等资料。

前进的方向是需要选择的，当你不清楚自己的需要时，很容易走错路。即使你在这条路上奋斗过、努力过，也曾取得过一些骄人的成绩，但是，这个工作并不会真正地激发你的兴趣，以致于你没有成功的感觉，更不会真正满意自己的生活。

◆ 先定位再定目标

每个人都应该给自己定位，定位是一种对角色的认知。作为一名出色的员工，我们首先要有良好的专业技能和丰富的经验，同时在我们工作时还应该充分理解所做工作的方法、步骤等，这就是做一名出色员工的定位。

美国马萨诸塞州的一位管理专家查尔斯·福特指出："一家公司的活动速度——归纳和执行决定、判断和解决问题、抓住机会、面对竞争压力与适应市场模式和商业气候突然改变的速度——常常为大多数高级经理人员和公司所忽视。"他还指出，这也常常是影响公司成败的重要因素。

活动速度可以反映出公司负责人的心理状态。如果这个人是一种"目标取向"——"现在我们已经确实知道我们的目标是什么，让我们做一切所要做的以达到我们的目标"，那他们就会加快步子。如果这个人是"程序取向"——"让我们确实遵照指示，一个字都不得有误，不要冒着犯任何错误的危险"，那他就会举步缓慢。

就个人来说也是一样。如果你还是闲荡、漂浮不定，只是为工作而工作，那你就要给自己提出警告，并且回答这些问题：

1. 我为什么要做这件工作？这值得吗？如果是这样……

2. 我有没有给自己定下完成期限？是否坚决按时完成？

3. 如果我的人生意义取决于我分配一半时间去做的这项事业的成败，我能采取哪种快速的办法呢？我有任何理由不这么做吗？

这里我们要再次引述查尔斯·福特的话："把每一件事当紧急的事来办，迅速把它处理掉。这也表示少在无用的谈话上花时间，少耐心地等待别人走到你前面，多行动而不是把事情放在一边等一会儿再做。不论什么时候都应如此。"

麦肯锡人忠实地实践着查尔斯·福特的理论，他们总是在每一项工作中体现出控制紧急事件的能力。同时，我的许多高效能同事还是应对紧急关头的专家，这方面的能力保证了他们总是有超出人们预期的效率。

每个人在工作中都会遇到紧急关头，关键是，每当面临危机的时候，要问问自己："我怎样才能防止这种紧急情况再度发生？"

不管是在公务，还是在私人生活中发生的危机，许多都是因为我们没有及早采取有力的行动，以至于情况变得越来越严重，到头来要花更多的时间去解决。

没有及早着手只是造成危机的因素之一。除此之外还有一些其他因素，如彼此没有沟通而产生误解，缺少定期情况报告和展望未来的预告，授权以后没有及时检查落实、没有制订相应的应变计划。

分析每一次危机，看看你能不能够设计出防止危机再度发生的办法。此时你会发现，你可以节省足够的时间和精力来有效地应付一些情况，尽管有时失控，只要你按下紧急处理按钮，问题是不难解决的。

对于我们来说，更应该有一个适合自己的社会定位，我们应该根据自己的个性、特征，把自己放在一个最能让自己发挥能力的位置上。

给自己定位，必须把握前提条件，给自己定位需要确定自己的性格、气质、天赋以及对工作要求的理解。但是，这些条件都需要对自己有充分的信心，生活中由于许多人对自己不自信，所以他们不能给自己一个合理定位。实际上，人在许多时候之所以会产生自卑感，并不是你真的很失败，只是你定位不准确罢了。而且也并不是定位越低，越有自信。而是应该准确定位。准确定位的目的是为了使你接受自己，在这个位置上，使自己有成功的体验，这是一个人建立自信的因素。如果你的位置定得太低，你就没有继续上进的内驱力，就像麦当劳兄弟，结果可能使你因为后悔而自卑。定位太高，你会觉得自己常常失败，不能认同自己，更无成功的可能。

其实用最直接的话说，定位只是给我们建立一种优势，让我们充分发挥自己的优势，展示自己最强的一面，为追求我们最终的目标打下基础。再说的充分一些，准确的定位有以下四个好处：一、可以让自己有持续发展的可能，持续地保持工作热情；二、可以集中自己拥有的资源，建立优势；三、可以抗衡外来干扰，保证目标的专一；四、能保证企业的岗位要求与个体的职业发展相适应，达到双赢的目的。

“不想当将军的士兵永远不是好士兵。”这是拿破仑说过的话，其实这句话就是需要我们给自己一个明确的定位，让我们有所追求，也是希望我们立下一个追求的目标，为了这个目标而终身奋斗。

人生一世，如果没有好的定位，就没有宏大的目标，就做不成任何大事，要想一生取得辉煌的成就，就需要给自己一个准确的定位。福特先生的故事正好给我们一个成功的启示。

福特先生出生在一个农民家庭，虽然算不上富裕，但日子还过得去。福特很小的时候就在家里帮父亲干农活。在他12岁时，就在头脑中构想有一天能够用在路上行走的机器代替牲口和人力，而父亲和周围的人都说他是一个梦想家，只做一些不可能实现的梦。可福特仍然坚持自己的梦想，做一名机械师。福特用了1年的时间完成了其他人需要3年的机械师训练，随后又花了两年多时间研究蒸汽机原理，试图实现他的目标，但未获成功；后来他又投入到汽油机研究上来，每天都梦想制造一部汽车。他的创意被大发明家爱迪生所赏识，邀请他到底特律公司担任工程师。

经过10年努力，在福特29岁时，他成功地制造了第一部汽车引擎。我们想想如果福特听从了父亲的安排，那么世间便少了一位伟大的工业家。

所以，一个人的成功在某种程度上取决于自己的正确定位。如果我们在心目中把自己定位成什么样的人，最终就有可能成为心目中所想象的人。因为定位能决定人生，定位能改变人生。

“当失败者发现自己身陷一个前景暗淡的环境时，他们就会迷失方向，他们不会更加努力，用更长的时间、更多的精力来加以扭转，让生命白白地消耗掉。一个真正的成功人士认为一个人的成功秘诀就是：一刻不停地拼命工作，把工作做得比别人好，名望和财富自然会来到自己身边。但对于我们平常人来说，这不是真实的成功秘诀，我们只有知道自己最喜欢什么和最擅长什么，才能对自己有一个合理的定位，才能做出合理的选择。如果我们选择了一条不适合自己的道路，走上了一个不适合自己的岗位，我们就不可能走向成功。”多么有用的一段话啊！也许在读完这句话之后，你就在为自己的定位而思考了，如果还没有，那么我们应该更仔细地去品味这段话。

有这样一个企业，他们在招聘员工时，会对求职者做一番个性测试，这是为什么呢？曾有人问过这个问题，他们是这样回答的："只有把不同个性的人放在最合适的岗位才能发挥最大的潜能。"是啊！一个正确认识自己的人，才能充满自信，才能使人生的航船不迷失方向。正确认识自己的人，才能确定一生的奋斗目标。只有确立了正确的人生目标并充满自信地为之奋斗终生，才能此生无憾，即使不成功，自己也会无怨无悔。事实也确实如此，人生中有许多烦恼都源自于我们盲目地和别人攀比，而忘了享受自己的生活、找到自己的定位。如果一个人没有自己的定位和远大目标，那么凡事只能停留在思考阶段，永远也不会成功。

◆ 别想一步登天

还未学会走路，就想开始跑，这样的人只有一个结果——时刻都在摔跤。有抱负是一种很好的优点，但你的抱负需要有能力去实现，不要好高骛远，总想着一步登天。脚踏实地的前行，是成功者必备的一种心理素质。

在麦肯锡工作，典型的一天可能会有这样一些内容：早晨9点，你以快速的头脑风暴开始一天的工作，10点钟跑去访问客户，11点去工厂，然后是和你的上司一起吃一顿快餐。接下来也许是访问更多的客户，参加团队一天的小结会，然后又急急忙忙赶到沃顿商学院参加一个招聘会。在所有这一切进行的过程中，事实很容易会彼此交织在一起，就像不同颜色的墨水同在一张吸墨纸上一样。即便在访问时你做了很好的记录，在团队会上也有笔记，要点还是有可能漏掉。

事实上，这种情况每一个工作中的人每天都能遇到。事情是如此的多，而工作又千头万绪。我经常听到有人向我抱怨：每天总是忙碌而凌乱，有时候累得晕头转向，却又常常将一些重要的事遗忘，真不知该怎么办才好？

要避免如此，麦肯锡的经验是，每天制订一个表格，让表格来帮助你。只要养成了习惯，你会发现，表格自己会说话。

究竟每天要做些什么呢？你可以在一天结束时静坐半个小时，首先问问自己："今天我做到的3件最重要的事情是什么？"然后把它们记在一两个表格里——没有什么奇特的，整不整齐也不重要。如果事实不易制成表格，把要点记录下来就行了。把它们放在不易丢失的地方——不要仅仅把它们塞进文件格了事。随后再想想明天的工作计划，并以表格的形式把它们记载下来。

有时候，你还可以把你的所感所想和了解到的新内容记下来。这些东西有助于深化你自己的思维。你有可能用到它，也可能用不到，无论如何，一旦你把它凝结在纸上，你就不会忘记了。

这是真正行之有效的工作方法。制作一张简单的图表并不需要多大的精力，然而真正珍贵的应该是它的内容。通过制作图表，你可以寻找通向成功的最近距离的路，从而减少一些坎坷崎岖；你可以及时地对自己的工作进行反思，甚至及时地注意到可能发生的情况。这既是你对未来的预览，也是你对现在的掌握。

图表是用来传递和表达信息的一种工具，别把他当成是一件艺术品。图表越复杂，传递信息的效果就越差。图表所要表达的信息务必一目了然，因此，如果你想用相同的图表表达不同的信息，那么最好还是重画几张，以便清晰地说明每个问题。

像制订图表一样，每天抽出几分钟，对当天的工作和图表的内容进行小结和回顾。这是这项高效工作方法的最后，也是最重要的一步。

每天制订一个图表对你工作的帮助是非常巨大的，但它以持之以恒为前提。指望某一天心血来潮，制订一个图表就能给工作带来明显的好处是不现实的。坚持一个月，你再来看看图表的威力吧，它会让我们得到许多意想不到的收获。

首先，图表会让我们随时都目标明确。成功总是沿目标前进的，目标的制订和执行对于一个人的成功非常重要。在制订目标的时候需要我们依照一个表格而行，因为目标常常不是一下子就能制订好的，有时需要反复的思考论证、取舍定夺，即使花了不少的心思制订出来，也还需要随着时间的推移、认识的提高、情况的变化而不断加以修改、补充、评估和验证。

下面我给大家介绍几种重要而有效的图表：

1. 作息时间表

只有充分地利用时间，才能够使你的工作学习有条不紊。制作一个属于你自己的作息时间表，将会使你受益无穷。

麦肯锡高效工作法则：你可以将一天24小时分成几大段，使你的时间安排得有条不紊：8小时工作，8小时休闲（饮食、交通、娱乐等等）和8小时睡眠。但通常的情形是，你工作的时间可能占用了休闲时间，而休闲时间有时又是牺牲睡眠换来的。也就是说，你没有合理地安排好你的时间。

以下是麦肯锡高效安排时间的四个法则：

（1）吃饭的时间吃饭。不要允许自己在用餐时间内搅和一些最好在其他时间处理的事。

（2）睡觉的时候睡觉。不要让一些非睡眠的活动来搅和你的睡眠时间。

（3）休闲的时候休闲。绝不能把工作和休闲混在一起。比如你的汽车交易一定是在经销处成交，绝对不应在高尔夫球场完成。

（4）工作的时候工作。工作时间可以衡量一个人事业是否成功，因此工作时间内，千万不能浪费时间，尤其不要让别人浪费你的时间。

有些事是浪费时间的，分清楚它们非常重要。以下就是一些典型例子：

（1）那些没事到你办公室串门聊天的人。（你要学会说不，办公室是办公场所，不是用来聊天的地方。）

（2）在饮水机或者咖啡机前逗留，聊些三姑六婆的事。（拿了你的咖啡就赶紧回到你的办公桌去吧。）

（3）打电话就可以解决的事，却以写冗长的信代之。（同时要避免少打私人电话。）

（4）阅读那些跟工作一点关系也没有的报章杂志。

（5）午餐时间过长。（在这上面浪费时间是最可惜的。）

（6）休息的时间太多。（应该好好想一想了，我为什么会这样？）

（7）讲话没有重点。（记住，讲话简明扼要并切中要点可以节省不少时间。）

（8）会议开得没完没了。（会议的开始和结束都必须准时。）

（9）事情一拖再拖。（事情一旦做了，未完成前就不回家；或许来日方长，但今天才是最重要的。）

如果放松警惕，这些浪费时间的事务都会将你一天的时间销蚀殆尽。

2. 工作进度表

在确定了自己的工作计划并为之奋斗之后，你就要时不时地检查一下，自己目前的进度是否能够按时完成任务，自己下一步的工作又是什么。而在这个时候，列一张表是最简单而且最有效的方法了。

就像每一个公司都要有收支升降表一样，你也需要有一张属于你自己的工作进度表。有了工作进度表，可以使我们对自己的目标更加明确，而具体该做的事情也会一目了然。

查斯特·菲尔德博士指出：制订目标是为了达到目标，目标制订好之后，就要付诸行动去实现它。如果不化目标为行动，那么所制订的目标就成了毫无意义的东西了。

实际上，相对来说制订目标倒是很容易的，难的是付诸行动。制订目标可以坐下来动脑子去想，实现目标却需要扎扎实实地行动，只有行动才能化目标为现实。

许多人都制订了自己的人生目标，但是就是因为不知道应该做的工作是什么，或是要达到怎样的进度，而渐渐地对目标模糊起来，最后在无比茫然之下，失去了对目标的信心。

由此可见，我们需要及时地了解自己的工作进度，制订下一步的行动计划，只有这样，我们才能一步步地迈向成功。

关于制订工作进度表，麦肯锡给出了如下建议：

（1）列出立即可做的事。从最简单、用很少的时间就可完成的事开始。

（2）持续五分钟的热度。要求自己针对已经拖延的事项不间断地做五分钟：你可以把闹钟设定每五分钟响一次；然后，着手利用这五分钟；时间到时，停下来休息一下。休息时，可以做个深呼吸，喝口咖啡。之后，欣赏一下这五分钟的成绩。接下来重复着这一过程，直到你不需要闹钟为止。

（3）运用切香肠的技巧。所谓切香肠的技巧，就是不要一次吃完整条香肠，最好是把它切成小片，小口小口地慢慢品尝。

同样的道理也可以运用在你的工作上，先把工作分成几个小部分，分别详列在纸上，然后把每一部分再细分为几个步骤，使得每一个步骤都可在一个工作日之内完成。

每次开始一个新的步骤时，不到完成，决不离开工作区域。如果一定要中断的话，最好是在工作告一段落时，以使得工作容易衔接。

（4）在工作进度表上记下所有的工作日期。把开始日期，预定完成日期，还有期间各阶段的完成期限记下来。不要忘了切香肠的原则：分成小步骤来完成，一方面能减轻压力，另一方面还能保留推动你前进的适当压力。

如果你一贯喜欢拖延，现在就开始工作吧！

3. 社交活动表

身处现代社会，一个人的力量是无法使其达到事业的顶峰的，你必须有别人的帮助，也就是说，你必须有一个能够对你产生帮助的"智囊团"。

那么怎样建立一个"智囊团"呢？请牢记以下的提议。

（1）你确定自己的追求目标之后，便延揽有关的专门人才去辅助你达成愿望。

（2）你要决定用什么方式去酬劳这些智囊团的成员。"没有一个人可以在缺乏酬劳的情况下死心塌地地为你工作；也没有一个聪明人会要求别人在没有酬劳的情况下为他工作——虽然这种酬劳并不一定是金钱。"

（3）每周至少与他们见面两次，如果可能的话，次数多一点更好；你们不是无的放矢地见面，而是通过会议订出一个完整的计划。

（4）你要和他们保持高度和谐和协调的合作，而这需要极佳的个人修养和人际关系技巧。

（5）意见的分歧是在所难免的，你要懂得“掌舵”，方可以使这个集团流畅向前而不致漂泊不定。

（6）你要公正严明，不偏袒任何一方，更要时常细心地照顾成员的感情与感受。

（7）金钱无疑是你们的共同目标，但你要懂得带引成员去成长与进化，方能保证集团的持久与永恒性。

4. 创新想法表

每天列一张表，把你的想法念头都写下来，经过长时间的积累，你就拥有了一大堆点子，这些都是你的财富。想想吧，在工作里，你拥有了无穷的创新想法，你就会在工作中把握先机，从而取得领先地位。

你可以在这张表中罗列如下内容：

（1）及时记录一些新的想法。人们在工作、生活、交际和思考的过程中，常会出现许多想法，而其中的大部分都会因为不合时宜而被人们放弃直至彻底忘却。

从来就不存在“坏主意”这个词汇。三年前你的某个想法也许显得不合时宜，而三年后却可以成为一个真正的好主意。如果你能及时地将自己的想法记录下来，那么，当你需要新主意时，就可以从回顾旧主意着手。而这样做，并不仅仅是给旧主意新的机会，而是一种重新思考，重新清理整理的过程，在这个过程中，可以轻易地捕捉到新的创新性的思维。

（2）自己提问自己。如果不问许多为什么，你就不会产生许多创新性的见解，你的工作就会因没有创造性，而陷入被动。没有任何事情是理所当然的结果。那些不明确的，看来似乎是一时冲动之中提出的问题，往往包含着许多创新性思维的火花。

（3）经常表达出来自己的想法。如果你有了想法，不管是什么样的想法，你都应当表达出来。如果是独自一人，你就对自己表达一番；如果你身处群体之中，不妨告诉其他人来共同进行探讨。

一个人一生中的大多数想法，都被无意识地自我审查所否决。这种无意识地自我审查机制将一切离奇的想法都当作“杂草”，巴不得尽快地加以根除。

循规蹈矩的心境里没有“杂草”，但循规蹈矩的心境也没有创造力。你想要有创造力，就必须照料好每一株“杂草”，把他们当作一株株有经济价值的新作物。

你要把不寻常的离奇想法说出来，把他们从头脑当中解放出来。一旦他们进入到交流领域之中，便能够免受无意识领域中自我审查机制的摧残。这样做，使你有机会更仔细更充分地去审视、探索和品味，去发现他们真正的使用价值。

每个人都有眼前的特定目标。例如，你准备明天做什么，或希望下个星期与下个月做什么。你最好把有助于你达到中期和远期目标的近期特定目标写下来，这样目标会更容易实现。

你可以试一试，在一周内每天花10分钟列出你所有能考虑到的目标。一周后你手头上就会有几十个甚至上百个可能实现的目标。这样做会迫使你写出自己的愿望，这是把你的目标开始转变为现实的最好的方法。

图表让我们的目标变得可以触摸和实际，从而避免我们浪费时间和漫无目的地瞎干。

其次，图表会为我们节省大量的时间。制作表格的一个明显好处是可以排定事情的优先次序，可以明确一些事情究竟是应该做还是不应该做。排定优先次序可以帮助你确定你已将最重要的事放在最优先的位置上。没有表格，你就失去了一份行动的规划书。

同时，因为确定了事情的优先顺序，表格会帮助我们节约许多宝贵的时间。

在工作中，我们经常能听到类似下列的说法："天啊！时间过得真快"、"我的时间总是不够"、"时间对我来说过得特别快"、"这件事不急，我可以留待明天再做"、"真是抱歉，我延迟了一点"、"我忘记了时间了吗，这总可以了吧？"

其实，你所拥有的时间既不比别人多，也不比别人少，惟一不同的是，成功人士不但善于合理的利用时间，而且还会努力地去争取时间。你能详细的指出在工作中的每一分钟，或者每一个钟头里做了些什么事吗？其中有多少时间是用在有意义的和有用的事情上的？更重要的事，因为不合理的工作方法，又浪费了多少时间？

我所能告诉给你的只是，每天制订一个图表，是麦肯锡管理时间的惟一秘诀。

第三，图表还能调动我们的工作的积极性。每天制一张图表，可以使你对自己的目标更清晰，当一天的工作结束时，检视当天的图表，可以发现哪些工作还没有完成，哪些工作还可以做得更好，从而使自己的积极性能够充分地发挥出来。

工作是需要激情和热情的，爱默生说："缺乏热忱，难以成大事。"很难想像，一个没有激情和热情的人能够持之以恒地高质量地完成自己的工作。而每天制订一个图表，可以让我们化繁为简，永葆激情。

现在社会上存在着一批好高骛远的年轻人，在他们刚从大学校门出来时，总认为自己是大学生，有深厚的文化功底、专业的技能知识，于是做起事来就飘飘然，做什么事都追求最高、最大、最好的回报。为了这些最大、最高、最好，他们一次次从半山腰摔下来，甚至有时刚起步就摔倒。经过一段时间后，他们最高、最大、最好的回报得不到满足，于是产生了一种得不到满足不放手的心理，这种心理正是成功的杀手，只要拥有这种心理，那么你想获得成功几乎是不可能的。

刘桦是一个刚从学校毕业的大学生，毕业后踌躇满志地进入一家公司工作，一段时间后他发现公司里有那么多局限性，而且领导所分配的工作又是一些没有挑战性的事情，对于年轻气盛、一向自视清高的他，别提多么失望了，他多次都想离开这家公司。但是在他心里仍然想着，也许会有改变呢？可是他还是失望了。于是他到处发泄自己的不满，可是并没有得到什么改变。就这样，他只好埋头干活，虽然心里存有不情愿的感觉，但不再像以前那样浮躁了，而是努力去做自己手头的事情，做好一件，得到领导的肯定，自己的“虚荣心”就被满足一次。靠着这种卑微的虚荣心理，日子就这样一天天过去了。

工作的不顺心，生活的艰辛，使他的心情越来越糟糕，所以他下班以后都会到外面走走，到处看看，让自己得到一些发泄。有一次他在路上遇到一位白发苍苍的老人，开始他并没有注意到这位老人，但是许多次以后，他开始注意了，因为这个老人每天都会在那儿打太极拳，而且风雨无阻。老人的举动引起了刘桦的注意。于是他主动去和老人聊天，一次，老人对刘桦说了这样的一句话：“把手头上的事情做好，始终如一，你就会得到你所想的东西。就像我打的太极拳一样，只有把每一个细微的动作做好了，我才能把一套太极拳完整地打出来。”

刘桦记住了老人的教诲，开始投入地做任何一件事情，无论自己如何地不情愿，都尽心尽力地做好，长时间以后心态就平静了。

是啊！无论手头上的事多么不起眼，多么繁琐，只要认认真真、仔仔细细地去做，就一定能逐渐靠近你的理想，迈向成功。

成就一番大事业，是在你接受了问题、压力、错误、紧张、失望、努力、坚持、奋斗这些因素后产生的，同时这些也都是生活中的一部分。可事实上有许多人都会觉得无法应付生活对我们的要求，因为他们无法承受这些走向成功必须经历的因素。

有许多人并不能摆正自己的位置，他们常常为自己的一点儿成就而沾沾自喜，在他人面前总是一副高深的样子，把自己夸为天下第一，这些人的做法最终并不能给他们带来更大的成就，说不定还会给他们带来灾难。相反，如果能把自己的位置放得低一些，自觉地从小事、从不起眼的细节做起，往往会有无穷的动力和后劲，得到的结果也将不一样。

有一位年轻人在他的日记本里写道：“我大学毕业以后，对许多事都抱着最好、最大、最高的心理去追求，但是我这样做使我越来越感受到了生活的不满和内心的不平衡，它们一直折磨着我，直到一个夏天我去一个公园，我的这个心结才得以解开，也使我一下子懂得了许多。

那天是我最糟糕的一天，我的心情很糟糕，于是我打算出外走走，我到了一个湖边，那里有一位老人正在钓鱼，看着那位老人从容

不迫的样子，我的心里十分敬佩。于是我走了过去问老人：‘每天你要钓到多少鱼才回家？’

老人当时没有说话，而是看了看我，然后对我说：‘年轻人，钓到多少鱼并不是最重要的，只要不是空手回去就可以了。现在我的生活已经没有困难了，我的孩子需要用钱的时候，我希望多钓些，但是现在他们都毕业了，我也没有太大的奢望了。’

听了老人的话，我突然像感悟到了什么，但我还是有所不明白，于是我转向了老人。这位老人又对我说话了，‘海是伟大的，滋养了那么多的生灵。你知道为什么海那么伟大吗？’

我很迷惑地看着老人，不敢贸然接话，然后转过头去看着面前的湖面若有所思。

过了一会儿老人又接着说：‘海能装那么多水，关键是因为它位置最低。’

这时我明白了，是啊！位置最低！正因为老人把位置放得很低，所以能够从容不迫，能够知足常乐。而我呢？我所追求的无一不是现在力所不能及的，为什么我不把自己的位置放低一些呢？”

这个年轻人就是善变有限责任公司的总经理，他一步步地从低层走到了高层，最终达成了他理想的目标。

无论你是天之骄子，还是满面尘土的打工仔；无论你是才高八斗，还是目不识丁；无论你是大智若愚，还是锋芒毕露；如果没有找到自己的位置，总是望着那山比这山高，好高骛远，那么一切都会徒劳无获。

现实社会中，那些所谓低层次的创业者们，他们的成就同样也让人听得有滋有味、羡慕不已，他们受益和成功的进程也最明显。究其原因，主要是他们没有心理负担，没有包袱，没有顾虑，他们把自己的位置放得很低，所以他们成功了。

给自己定位有助于提高我们的生活质量，也是我们走向成功的必要准备。我们每个人都渴望有自己的幸福生活，希望得到财物上的满足，希望做自己想做的事。但是在抱持这些希望之前，我们应该清楚地考虑如何给自己定位。

第四章 多努力一点

任何一个人想要获得成功，必须树立终身学习的观念。既要学习专业知识，也要不断拓宽自己的知识面，一些看似无关的知识往往会对未来起巨大作用。而“每天多做一点点”正好给你提供这样的学习机会。

◆ 每天多做一点点

卡洛·道尼斯先生最初为杜兰特工作时，职务很低，现在已成为杜兰特先生的左膀右臂，担任其下属一家公司的总裁。他之所以能如此快速地升迁，秘密就在于“每天多干一点”。

他说：“在为杜兰特先生工作之初，我就注意到，每天下班后，所有人都回家了，杜兰特先生仍然会留在办公室里继续工作到很晚。因此，我决定下班后也留在办公室里。没有人要求我这样做，但我认为自己应该留下来，在需要时为杜兰特先生提供一些帮助。”

“工作时杜兰特先生经常找文件、打印材料，这些工作最初都是他自己亲自来做。很快，他就发现我随时在等待他的召唤，并且逐渐养成招呼我的习惯……”

杜兰特先生为什么会养成召唤道尼斯先生的习惯呢？因为道尼斯自动留在办公室，使杜兰特先生随时可以看到他，并且诚心诚意为他服务。这样做获得了报酬吗？没有。但是，他获得了更多的机会，使自己赢得老板的关注，最终获得了提升。

学过马克思主义哲学的人都知道“量变”和“质变”的规律，如果每天多做一点，当积累到一定的量，就会引起质变，即会提高你的能力和水平。潜移默化会让你领略到“润物细无声”，“于无声处听惊雷”的震撼。

美国《商业周刊》的记者采访某名企业家："你成功的秘诀是什么？"

"比别人更努力！"

"其次呢？"

"比别人更努力！"

"最后呢？"

"比别人更努力！"

由此，你也得到成功的答案——比别人更努力！

努力是成功的捷径之一，而且是成功必须付出的代价。你要想成功，要想做得更好更出色，那么你就必须比别人付出更多，更努力。否则，成功不会属于你。

有些人总是很羡慕他人突然像彗星一样横空出世，却忽视了他人在能够发光之前所下的工夫、所忍受的寂寞和所挨过的苦难。这些人之所以能跑得快一些，是因为他所付出的努力比别人更多。

有一位教授曾讲起过他的经历："在我多年的教学实践中，发觉有许多在校时资质平平的学生，他们的成绩大多在中等或中等偏下，没有特殊的天分，有的只是安分守己的诚实性格。这些孩子走上社会参加工作，不爱出风头，默默地奉献。他们平凡无奇，毕业分手后，老师同学都不太记得他们的名字和长相。但毕业几年十几年后，他们却带着成功的事业来看老师，而那些原来看来有美好前程的孩子，却一事无成。这是怎么回事？"

老教授常与同事一起琢磨，最后得出一个结论：成功与在校成绩并没有什么必然的联系，但和踏实的性格密切相关。平凡的人比较务实，比较能自律，比别人更努力，所以许多机会落在这种人身上。平凡的人如果加上勤能补拙的特质，成功之门必会向他大方地敞开。

成功的人永远比他人做得更多，当一般人放弃的时候，他们却在坚持；当别人享受休闲的乐趣时，他却在刻苦；当别人正躺在床上呼呼大睡时，他却已投入了工作和学习中。

一个永远值得我们记住的哲理是：成功永远不在于一个人知道了多少，而在于他努力了多少。

我认识一位博学多才的老人，他曾经是一所大学的教授，退休后便在家里养花或外出散心。

有一次，我到老人那儿去，他问我是否了解建筑的全过程。

我对那个东西一点都不了解，于是我告诉他："不知道。"

老人笑着对我说："如果每天花五分钟的时间阅读相关资料，5年内你就会成为建筑领域中深具权威的人。"

是啊！每天多花五分钟并不是太大的困难，只要我们坚持下来，带来的将是更大的回报。

"每天多做一点"的工作态度能使你最大限度挖掘自身的潜力，从而在激烈的竞争中脱颖而出。

每天提前到达，就可以给一天的工作做个规划，当别人还在考虑当天该做什么的时候，你已经走在别人前面了！

有位记者采访一位大名鼎鼎的汽车业名人，当问及是什么秘诀使他这么年轻就做出这么惊人的成绩时，这位名人说："其实秘诀只有一个，那就是——每天多做一点点。"原来，这位名人刚工作的时候也和许多人一样笨手笨脚，但他不同于别人的地方就是每天多做一点点：当别人急着下班归心似箭时，他还在办公室埋头苦干；当别人为一个问题争论不休时，他已经在自己的位子上寻找方法解决这个问题；晚上回到家时，别人在玩乐，他却在细读管理图书。

想想那些成功人士，他们都给自己树立了终身学习的观念。在他们的眼中，一些看似无关的知识往往会对未来起巨大的作用，而每天多做一点，则能够给你提供这样的学习机会。

每天多做一点，初衷也许并非为了获得报酬，但往往得到的更多；每天多做一点，也许从表面上来看没什么，而事实上，你每天都在进步。

如果把所有的一点点加起来，也就是你的潜力得到发挥的结果，那么你离成功也就不远了。

我们生活当中70%的时间都是在混日子，大多数人把每天的时间都停留在：吃、喝、睡、工作等等方面。直到最后我们才发现，我们虚度了大半生。

每天多做一点点，不是坏事而是好事，没有谁会说你多事，如果你没有义务去做你职责之外的事，你可以自愿地去选择做，或者想办法让自己养成一个多做一点点的习惯以鞭策自己快速前进。

当然，在每天多努力一点点的过程中，我们并不是漫无目的地去做，这需要我们发挥想象，去构建自己理想的人生蓝图。此时，我们不妨闭上眼睛想想，我们在10年以后将会是什么样子。换言之，就是我们积累了多少财富，自己的生活水准达到了什么样的标准；我们与什么样的人一起共事；我们的社会地位怎样等等。

成功不是靠一步登天，而是靠一步一个脚印走出来的，是经过长年累月的行动与付出累积起来的。虽然，任何人都会有所行动，但成功者却是每天都多做一点点，多付出一点点，所以他们比别人更早成功。

◆ 让自己天天进步

阿超和刘雪是中文系高材生，在一次研讨会上，毕业五年后的他们又见面了。老友相见，自然惊喜万分，在叙了一番友情之后，话题说到了事业上。在校时没有发表几篇文章的刘雪拿出几本自己的文章的剪贴本给阿超看，说："我准备联系出版社，出一本自己的文集。"这让以前才华横溢、小有名气的阿超一下子感到了失落，自惭形秽地说："你怎么写了这么多的精品文章出来？"

原来，在刘雪毕业前夕，她的文章一直没有太大的长进，于是她跑到系里的一个教授那里请教为文之道。

"其实这没有什么深奥的秘密，你只要天天练一练，天天想着它，每天进步一点点就行了。"教授意味深长地说。

毕业后，刘雪按照教授说的话来做，天天练一练，天天想着它，日积月累，不知不觉，文章越做越多，书刊发表的也越来越多，累加起来就成了今天这个样子。她毕业几年，虽然工作、生活并不是太顺利，但也不忘天天想它，寻找生活中的感动，酝酿下笔成文，现在有多家报社编辑经常向她约稿，这使她对自己的生活感觉很满意。

文中的刘雪原来的文才本不如阿超，但她按照教授的教晦，每天限定自己一定要超越自我一点点，潜移默化中，以量变引起质变，最后取得了成功。

"驽马十驾，功在不舍"，命运不会亏待一个矢志不渝者。成功最欣赏那些默默无闻的耕耘者。假如人与自然界一样有春华秋实的话，那么能每天努力一点点的人，一定能品尝到金秋的琼浆玉液，享受大地赐予的丰收喜悦。

成功者们都坚持一个原则，这个原则就是每天进步一点点，这是大自然给予人类的昭示。停滞不前是可怕的，它甚至比后退更可怕，我们后退是因为在某些情况下后退一些可能会更好，可能是战略上的安排，是生命现象的一种显现。然而停滞就不一样了，它意味着僵化和死亡。当大海没有河流为它输入河水时，大海面临的也将是慢慢干枯。

有一个成功者，他从创业阶段开始，就把“每天进步一点点”这七个字写在自己的办公桌上，自己电脑的桌面上，也用七个鲜红大字写出来。后来，他的公司逐渐壮大了，“每天进步一点点”这句话也成为公司全体员工所信奉的一句格言。在这句格言的鼓励下，那些并没有受过多少学校教育的员工一天一个模样，这家公司的业绩也令同行羡慕不已。这就是每天进步一点点的力量。

大家都知道流动的水不会发臭，流动的河流才是有生命的河流，这种流动拒绝一成不变，在每一个瞬间都有所不同。所以要想获取成功也要像流动的河水一样，随时随地求进步，哪怕每天只是进步一点点。

作为一个作者，我深有体会，如果没有每天进步一点点的决心，任何一部作品永远都不会完成。做任何一件事，所有人希望看到的都是勇往直前，而不是中途停顿，如果你的心里滋生了对现状的满足，那么，你的事业也将转入由盛而衰的过程。

每天进步一点点，从字面上来看并没有多大的意义，但真正做起来，我们就可以看到其中的差别了。

张志东是一个很有成就的年轻小伙子，一年前他还没有现在的成就，为什么一年之后他能有如此大的变化呢？当别人问起他原因时，他是这样说的："每天早晨，我都在心中默念'我要比昨天有所进步'；每天晚上，我都检查自己的工作有哪些必须改进的地方。"张志东能取得如此成就跟他的努力是分不开的，一年内他的面貌焕然一新，事业突飞猛进，这是他每天都要进步一点点所带来的结果，他的这种习惯不仅改变了他自己，也极大地影响了他周边的人。

每天进步一点点，需要有坚强的决心做后盾，只有这样才能坚持下去。而且，只要坚持下去就会改掉一个人难以改变的缺点。

你的成功与否，决定于你所选择的生活方式。

有这样一个故事，一位知名记者正在进行一次采访，被采访者是一个贫困山区的小羊倌。

"你放羊干什么？"

"攒钱。"

"攒钱干什么。"

"娶媳妇。"

"娶媳妇干什么？"

"生娃。"

"生娃干什么。"

"放羊。"

羊倌的想法真是令人悲哀。羊倌的可悲不在于他的穷困，不在于他从事的职业，更不在于他攒钱的方式，而在他正陷入一种麻木的生存状况之中而不觉。

一位三十出头的女子，是一家皮尔·卡丹专卖店的老板。她来自贫穷的山区，大学毕业后放弃了回家乡工作的机会，毅然留在省城，当过记者，摆过地摊，开过服装店。一次偶然的机会，认识了一位皮尔·卡丹代理商，信心百倍的她东挪西借筹款，在省城闹市区租个门面撑起了一个专卖店。创业之初，她吃住在店里，为了付那里昂贵的租金，她有时一顿饭用一块大馍充饥。热情周到的服务终于让专卖店里有了络绎不绝的顾客，生意红火了，她没下过一次饭店，未买过时尚衣服，仍过着节俭的生活，渐渐地，她口袋里的钱像滚雪球一样一天天多起来。一年前，她把左右邻店兼并过来，同时还招聘了6名员工。已成款姐的她不无真诚地说："都市里到处都能掘到黄金，关键是你要选择好自己的生活方式，如果你觉得自己现在命运不济，那你就应当改变一下目前的生活方式，而不应当整日只知道哀叹命运不济。"

其实，只要细心地观察一下四周，你就会发现：在都市的每个角落，确实生活着很多精力旺盛的乡下人，在高高的脚手架上、在酒店、在商场、在快餐店、在书摊……他们从事着或复杂或简单的工作，以乡下人的勤劳与质朴，以乡下人顽强的生存能力，挤进了钢筋水泥混凝土构筑的城堡，开拓一块哪怕是极小的天地，并且有滋有味地活着；而那些一生下来就有了城市户口的城里人，在失去了铁饭碗之后，却连一条求生存的路也找不到。比起进军都市的乡下人，一些城里人已经输了，并且输得很惨。

即使我们拥有骄人的文凭、城市的户口、住房，面对下岗或分流，我们唯有不断拓展生存空间，谋求适合自己的发展方式，不断地刷新自己，创新未来，才有可能处变不惊，才可以在繁华褪尽后重新镀亮人生。

一个人有无前途，不取决于拥有多少财富，而是取决于其是否具有发展观念。当你正津津乐道于已经拥有车子房子票子的时候，千万别忘了，你也许还是一个羊倌!

一个人很难有足够的预知能力来决定命运，你无法预知未来是朝哪个方向发展。但也并不是说，我们只能被动地随波逐流，任凭命运摆布。我们可以睁大眼睛看清时势，再作出有利自身的选择。既然环境不容易改变，不如先改变我们自己：看清周围的“气候”，然后灵活应对，只有这样才能明辨是非，趋利避害。

一般说来，社会“气候”是很难改变的。这种“大气候”一旦形成，通常几年、几十年乃至上百年都不会有太大的变化。一个人在这种社会气候中只能接受，而不会有太大的改动余地。不接受对你没有什么好处，如屈原，感叹自己生不逢时，“举世混浊而我独清，世人皆醉而我独醒”，可结果呢，却不为世道所容，怀石沉江。

“大气候”不易改变，“小气候”总是还有让人发挥的余地的。一个人在家庭、职场的活动中，只要努力追求，总是会有很大的空间。

分清自己所处的“大气候”和“小气候”，明白自己的位置，清楚活动的空间，辨别生活的利害，采取适当的手段，对于一个人来说，并不是很难的事情。

韩信，淮阴人，少时“贫无行”，不会谋生，“常寄食于人，人多厌之者”。曾有一恶少年侮辱他，让他钻裤裆，韩信就钻了，“市人皆笑（韩）信，以为怯（懦）”。但“其志与众异”，他是位“忍小愤而就大谋”的“盖世之才”。

韩信在拜将之前，就向刘邦提出“以天下城邑封功臣，何所不服”的建议，表明他胸怀大志，意在封王，他不懂得分封制度在当时已不合历史潮流。

韩信出身贫民，却满脑子分封思想。刘邦虽然曾“自以为得（韩）信晚”而任他为大将，但刘邦始终没有像相信萧何、张良那样把韩信作为心腹对待，因为韩信总热衷占据一方，封王封土，怎么能让刘邦放心呢？

刘邦坐稳了江山之后，看到韩信握有重权，并且深得军心，不由得十分担忧。他宴请群臣，面对臣下的恭贺，也忧心忡忡。张良察言观色，明白了是刘邦害怕功高之人今后难以控制，就私下对韩信说：“你是否记得勾践杀文种的故事？自古以来，只可与君主共患难，而不可与其同享富贵。前车之鉴，后车之师啊！我们要好自为之。”

韩信尽管认为张良的话有道理，但他对刘邦还是抱有幻想，他认为是自己帮助刘邦成就了帝业，刘邦怎么会忘恩负义呢？可是不久，便有奸佞之臣诬告韩信恃功自傲，不把皇帝放在眼里。刘邦更是不满于韩信的所作所为，不久，就设计解除了韩信的兵权。后来，韩信为吕后所拘杀。

韩信错就错在不看清“气候”、不识时务而作出了错误选择，即使才略满腹最终也成为一个悲剧人物。人处在一个复杂的社会里，人际关系错综复杂，世事诡变难以预料，只有顺应时势，伺机而动，才能在社会上立足扎根。

一条不流通的河流，河水会慢慢地发臭；没有新的营养，人也会慢慢地死去；同样的道理，一个奋斗的人，只有不断地弥补不足，保持每天进步一点点，才能获取最后的成功。

◆ 多努力一点，机会就多一点

有两个年轻人，一个叫张志德，一个叫陈诺。两人都在同一家公司上班，半年后陈诺青云直上，薪水升了好几次，张志德却仍然在原地踏步。因此他非常地不满意，他认为总经理对他不公平。一段时间后，他到总经理那儿对总经理发起了牢骚。总经理一边耐心地听他的说法，一边在心里盘算着怎么向他述说他和陈诺之间的差距。

“小张啊！”总经理开口说道，“你的事情我们会了解的，你明天早上先到集市上，看看有些什么东西卖，然后回来给我们说说。”

第二天早上，张志德很早就从集市上回来了，他对经理说：“经理，今天早上集市上只有一位老人家拉了一车土豆在那儿卖。其他就没有了。”

“哦，是这样啊！那你问了多少钱一斤了吗？大概还有多少斤？”经理问道。

张志德听了经理的话，又往集市上跑去，一会儿回来对经理说：“老人家说，大约有300斤左右，2毛3一斤。”

“土豆是什么地方的，你知道吗？还有是今年的还是去年的。”

张志德又匆匆忙忙地跑去问了回来，这时经理对他说：“你先坐在这儿，一会儿陈诺回来了，你看看他是怎么说的。”

一段时间后陈诺从集市上回来了，和经理打了一个招呼，然后拿出一个笔记本，很快就把今天集市上老人卖土豆的事说了，价格是多少，还能降多少等等一些问题都清清楚楚地说明白了。同时他还让老人家，把土豆送一些到超市里去，另外老人家里的其他蔬菜也送一些来，因为这几天他们卖的蔬菜都是老人送来的，而且卖的非常好。

经理笑了笑，然后转身对张志德说："小张，你应该明白为什么小陈的薪水比你高了吧！"

张志德不好意思地红了红脸，默默地走出了办公室。

同样的人，同样的工作，往往会有很大的差别，最重要的原因就在于自己是否比别人努力。

陈诺能够成功，能够很快涨薪水，并不是没有原因，他能获得成功是因为他比别人努力，比别人多思考。常话说"不积小流，无以成江海；不积跬步，无以至千里。"我们必须重视今天的每一次努力，对待工作要兢兢业业，踏踏实实，尽量每天多努力一点，多做一点，只要你坚持下去，那么你追求的梦想也就离你越来越近。

人生在世，当你努力了，机会不一定就是你的，如果你不去努力，你就一点机会都没有，毕竟机会是源于你的努力。换句话说就是：你付出了不一定能够得到回报，如果你不付出，那么你什么都得不到，当你得到了回报时，也是因为你有所付出。

大科学家爱因斯坦曾经说过："我从不去想未来，因为它来得太快了。"而中国道家宣扬"无为以求心净"，这也是有其生活依据的。所谓"无为"并非什么事都不做，而是强调不去思考未来，尽力做好眼前的事。

乔治·麦克唐纳也说："有道是，无人曾经沉陷于每日重负之下。唯有把明天的重负加在今天的重负之上时，那个重量才超过一个人所能忍受的限度。”

聪明的人，不会太多地停留在昨天，也不会太多地幻想明天，而是牢牢地把握住今天。因为他懂得时间不因为回忆而增加长度，时间也不因为人的幻想而增加厚度。时间是公平的，富人、穷人，在时间的面前都是平等的。所以，对于来去匆匆的人生，自己要有一个坚实的信念。

对于过去，不要过多地回忆，回忆有时会带来伤感，回忆太多会消磨人的意志。谁都知道，年轻人喜爱梦想未来，老年人都喜欢回忆自己的过去。对于未来，不要有太多想象，不要太过夸张，未来是人们最喜欢的，但又是最不实际的是一种兴奋剂。以平常之心对待未来的人之所以活得很好，是他们并不夸饰未来。一加一从来不等于二，或者说，昨天的经验加上今天的奋斗，一定有一个光辉的明天。

只有把握今天，才是人生的绝对哲理！

往日的遗憾可以用今天的成绩来弥补，明日的风景可以用今天的匠心去栽培。今天，为你留下了恣意挥洒的空间，你可以努力想象，尽情发挥。今天，是你奋起直追的起跑线，你可以用冲刺的加速度改写昨日失败的懊悔。

请相信，只要你好好把握住了今天，你理想的天空就不会出现阴霾，你耕耘的田野就会硕果累累，你事业的航船就会一帆风顺，你成功的身后就会留下一座不朽的丰碑。当明日朝阳升起的时候，你就会心情舒畅，坦然面对。

所以，最重要的是把握今天，一步一个脚印，一步一步地前进。千里之行，始于足下，不要嫌弃小事，大事是从小事做起的。不要嫌弃走得慢，走得慢比不走要好。走自己的路，不要东张西望。不要回头，一直走下去。不要先问结果，要问自己的努力和付出。这样才有可能成为真正事业的成功者。

少留恋昨天，多把握今天，更要努力创造明天。

每个人都有自己的路，但我们前进的方向都是相同的——追求自己的理想。当我们在前进的道路上行动时，只有多努力一点，多一些付出，才会为自己创造更多的成功机会，更多的成功资本，也才能在竞争中脱颖而出，得到老板的肯定，得到成功的肯定。

很多人想早点获取成功，可是他们无法一步登天。成功是慢慢积累的，是通过我们一天天的努力奋斗而换取的。所以我们要想获得成功就必须比别人多付出、多努力。换句话就是说：每个人都下定决心每天多做一点点。就像修房屋一样，每一层房屋都是由一块块的砖头堆砌成的；也像我们的知识一样，是一点一滴积累起来的。

所以，不管做什么事，都应该多努力一点，这样我们就能得到更多，成功的机会也会更多。

成功与不成功之间的距离，并不是大多数人想象的那样是一道巨大的鸿沟。成功与不成功只差别在一些小小的动作之上：每天花5分钟阅读、多打一个电话、多努力一点、在适当时机的一个表示、表演上多费一点心思、多做一些研究，或在实验室中多试验一次。

◆ 多做不是吃亏

一个年轻的小伙子叫哲海，他原来是一家小公司的普通职员，一年后他成为了一家律师事务所的高级管理人员。这是什么原因呢？

哲海原来在一家服务公司当普通职员，他成功的转变是由一件小事引起的。一个星期二的下午，公司所有员工都下班走了，但是哲海有一个习惯，每天下班以后，他都会在公司里多呆半小时，他要确定所有同事都走完了，再把所有电脑的电源、电灯关了，然后检查所有的门窗关是否关好才离开公司。这并不是他的事，但他一直都坚持着这样做。这天他还没有走，一个人走了进来，问他能不能找一名排版人员帮忙，因为他们有些事情必须急着排版，可是他们公司的员工已经下班走了。

哲海告诉他，公司所有的员工都回家去了，如果他晚来五分钟，他也要走了。同时，哲海表示自已愿意留下来帮他。

工作完成后，那位先生请哲海吃饭，饭后他打算给哲海一些工作费用，哲海坚持不要。几个月之后，哲海已经把此事忘得一干二净，那位先生却找到了他，交给他一张聘书，邀请哲海到自已的公司去工作，薪水比现在高一倍。

多做不是吃亏，当你养成每天多做一点事的时候，你就和他人有了质的区别，你具备了其他人无法比拟的优势，在你将来的发展中，你会因为这种每天多做一点事的习惯得到更多的回报和收获。

像哲海一样，每天多做一点份外的事，如此的工作态度能够使你从竞争中脱颖而出，你的老板会关注你，对你另眼相看，并逐渐地信赖你，从而给你更多的发展机会。“多做一些份外事”看似简单，做起来也简单，但真正养成这种习惯的人，少之又少。所以，当你养成了这种习惯时，它对你的事业发展将会有很大的作用。

任何一个优秀的员工或一位成功者，他们都不会抱有这种心理，“这不是我职责范围内的事情，我根本不用操心。”如果你们任何一位抱有这样的态度，你们将永远不会得到老板的赏识。同样地，如果哲海也抱有这样的态度去工作，那么，他就不会有升职的机会。怀着这样的态度工作的人，不管学历如何，也不管经验多少，或者有多么出众的条件，想成功的希望只能是渺茫的。因为，这样的态度随时都可能给你所在的企业造成不可估量的损失。也正是这种态度，让你在公司里无法得到长足的发展，让你真正的潜能隐藏在深处。

和哲海一样，华东是一名机械公司的清洁员，他在两年不到的时间里当上了一个部门主任，这是什么原因呢？因为他总是比别人多付出一点点，多做一点点。华东所在的公司搞清洁都是用机器，但是机器很容易坏，华东每天把坏的机器和好的机器放到一起来打开修理，通过一段时间的学习和查找资料，他对清洁机的修理很有经验了，此后，每当公司的清洁机坏了，都会拿到他那儿，不管什么时间，只要华东在都会急着把它修理好。

华东并没有因为清洁机的修理不是自己的职责就不问不管，任由其继续使用。由于他的做法和这种多做一些份外事的责任心使企业避免了一些的损失，很快就受到公司经理的重用，一年后，他也从清洁工做到了部门主任的位子上。

一个员工只做自己的份内事是不够的。在工作中，除了把自己份内的事做好，还应该多做一些份外的工作，比别人期待的更多一点，这样，你可以吸引更多的注意力，给自我的提升创造更多机会。一句话是这样说的："率先主动是一种极其珍贵、备受看重的素养，它能使人变得更加敏捷，更加积极。"难道不是这样吗？

一名成功者或是一名优秀的员工，他们都拥有强烈的责任感，对于他们来说多做一些份外的工作会不会花上更多的时间、有没有报酬并不重要，因为他们知道，还有一些东西永远比报酬更加有价值。

所以，赶快放弃"这不是我的份内工作"的念头吧！把"每天多做一点点"养成你生活中的一部分，毕竟，多做不是坏事。

一个人除了做好自己份内的工作还应该多做一些份外的工作，比别人做得更多一点，如此才可以吸引更多的注意力，给自我的提升创造更多机会。

◆ 多一些努力

刘晓晓在六盘水钢铁厂工作，刚进入这家钢铁厂时她工作很努力，她每天都在学习一些新的知识来补充自己非专业的不足，不久她就发现了炼铁的矿石并没有被完全充分地冶炼。她想：如果公司长久这样下去，岂不是要受到很大的损失。于是，她找到了负责这项工作的负责人，并和她说明了问题。可这位工人说："这又不是你的问题，如果真有问题的话，工程师会和我说的，好像这不是你的事，最好少管。"

刘晓晓又找到了负责的工程师，对他说明了工作中的问题，工程师说："我们的技术是一流的，这样的问题应该不会出现，再说，你一个做文职的，这样的问题，你也没有发言权。"这位工程师甚至认为，年轻人怎么都这样爱表现自己。

但是，刘晓晓并没有放弃自己的想法，她在不断反映问题的时候还在不断地寻找解决问题的方法，她在学习中找到了问题的答案，并整理出更为合理的资料交给了总工程师。总工程师看后说："年轻人，你反映的问题很对。我们公司有一流的技术，出现这样的问题，我也觉得很遗憾，我马上召开会议讨论这个问题。"公司很快解决了这个问题。

后来，公司总经理知道了这件事，不但奖励了刘晓晓，还晋升她为负责技术监督的工程师。对于刘晓晓来说这次事件是职位上的一次飞跃。本来她一个文职人员离工程师的位置还有很远，但总经理说："有你的行为态度和努力，我相信没有人能比你更胜任这项工作。"

从表面上看，刘晓晓的行为是在为公司少受损失而做努力，可是我们看到的结果证明，她所做的一切都得到了承认，并得到了实现自己价值的砝码，最终的受益者还是她本人。

每天多一些努力，从改变行为开始，进而改变自己的态度，然后，你的生活自然会得到改变。

每天多做一点，才能积跬步以至千里。从现在开始，一切都不难，一切还都来得及。

每天多一些努力，正如人们所说：如果你只接受最好的，你常常会得到最好的。怎么来理解这句话呢？我们先来看一个故事，这个故事讲的是有一个人经常出差，经常买不到对号入坐的车票。可是无论长途短途，无论车上多挤，他总能找到座位。

他的办法其实很简单，就是耐心地一节车厢一节车厢地找过去。这个办法听上去似乎并不高明，却很管用。每次，他都做好了从第一节车厢走到最后一节车厢的准备，可是每次他都用不着走到最后就会发现空位。他说，这是因为像他这样锲而不舍找座位的乘客实在不多。

他说，大多数乘客轻易就被一两节车厢拥挤的表面现象迷惑了，不细想在数十次停靠之中，从火车十几个车门上上下下的流动中蕴藏着不少提供座位的机会；即使想到了，他们也没有那一份寻找的耐心。眼前一方小小立足之地很容易让大多数人满足，有些人觉得为了一两个座位背负着行囊挤来挤去不值。他们还担心万一找不到座位，回头连个好好站着的地方也没了。他们和生活中一些安于现状、不思进取、害怕失败、永远只能滞留在没有成功的起点上的人是一样的。

尽管每天多做一点事情，或者再试一次，在短时间内可能看不出结果，但只要你坚持不懈，不仅个人的能力会得到提升，同时也是在为随时可能降临的机遇准备能量。聪明的人做这些的时候不是做给领导看，他们在自己的努力中不断地积累经验，增加自己知识的容量，这些人永远走在别人的前面。领导的眼睛并没有被蒙蔽，他可能看不见别人的努力，但他不可能不知道谁的能力在不断提高，领导的心是雪亮的，这些人的努力会得到承认。

每天多一些努力，还要拥有再试一次的决心。有一句话说的就是：什么东西比石头还硬，或比水还软？然而软水却穿透了硬石，究其原因，软水只是多努力一些和坚持不懈而已。

◆ 找到你的进取心

我有两个很好的朋友冯子波和马涛，他们俩都在同一个公司上班，做的都是同样的工作，但是他们两个人的收入有着很大的差别，每个月冯子波都要比马涛多拿一千多元。是什么样的原因造成了这样的局面呢？

原来，他们两人在一年前同时到了一家广告公司做业务员，刚开始工作的时候，他们两个人体会到了跑业务的艰难，在一段时间内两个人都很想退出，可是他们又想了想，为什么别人能做，他们就做不下去呢？另外一个问题，如果他们不做这份工作，暂时也没有什么好的工作给他们了，于是咬着牙继续坚持了下来。

冯子波经过一天的思考，终于下定了决心，既然要做，就一定要做最好的，不然就别去做了。于是，他制定了一个计划，对工作努力起来了，每天比马涛起得早回得晚，工作更加勤奋，只要客户那里有一丝希望，他都要跑上几次尽量争取赢得顾客。刚开始的时候他的收获很小。不过，他并没有放弃，每当他回家的时候，他总会在路上看见那些收破烂或蹬小三轮的人，那时他都会在心里想，如果我现在不努力，我现在放弃了，那么，我有一天也会和他们一样，所以我必须坚持下去，我只要比别人付出更多，再努力一些，总有一天我会成功的。

就这样，冯子波一天一天地坚持了下来，而且他的业绩也呈直线式上升，经验也越来越丰富。半年多后，他得到了老板的提升，指任他为业务部的部长，直到现在冯子波仍然一如既往地努力工作着。

而另一个朋友马涛就不行了，他对工作非常地消极。在他的心里总是想着，这个月随便出几个单子就可以了，那样我的生活也就没问题了，我为什么要那么努力地工作啊？何况那样的苦我也受不了。正因为这样，马涛一年多来，并没有什么建树，而且每月依旧是拿着那点微薄的工资过日子。

没有理想成为企业领导者的人，是得不到任何人的帮助和提升的。一个人的成功，绝不能缺少进取的力量，因为进取的力量能够驱动你不停地向上提高自己的能力，迈着成功的步伐走向希望。

年轻人要敢于树立自己心目中的目标，你应该在心里常常这样想：我要成为主管、经理和老总。只有这样，你才能发挥更大的潜力来追求你所希望达到的目标。面对现状，不管你目前的职位如何，是士兵你就要追求成为将军；是员工你就要追求成为经理；是百万富豪你应该追求亿万富豪。不过梦想的前提是你拥有一定的能力。你要敢于梦想，要立下决心得到你所想要得到的，并且发誓一定要为之竭尽全力，绝不半途而废。

一位伟大人物说过这样的一段话："这个世界永远都愿对一件事情赠予大奖，包括给予任何的金钱与荣誉，那就是'进取心'。"是啊，进取心是成功者的一种极为难得的美德，它能驱使一个人在不被敦促去做应该做的事之前，就能主动地去做。他能使一个人对做事有着绝对的激情。

很多年轻人，对于如何取得成功以及他们是否具有与众不同的地方始终不明白。其实，你的所有追求，完全出于你自己。你想成大事，能否成功的最大原因就取决于你自己。如果你抱有做大事、成大事的进取心，那么，你的前方将是一条顺利大道，任何困难挫折对于你来说，都是小意思。如果你没有这种进取心或者这样那样的意愿，你将不可能走向成功，就算你拥有怎样的优势，你一样不会成就你希望的大事。

有一位白发苍苍的老人，他在山坡上溜马，这时过来了一个小孩，这个小孩就问老人，老人溜的几匹马为什么会表现出这样的情况，因为小孩看到了4匹马中有的需要老人用棍子在后面驱赶才会走，有的需要老人在前面用绳牵着才会走，而有的自己就能走。老人给了小孩这样的一个答案，老人说：我的这4匹马有4种性格，第一种它们会主动地去走；第二种是要人牵着才会走；第三种是需要用棍子在后面驱赶才会走；第四种是我最喜欢的一种，因为这种马自己就能走，而且总是要争取第一，它总会争取比别的马更早跑到目的地。

其实人也有4种人，第一种人他会主动地做事，但不会追求更多的事；第二种人没有明确的目标，他需要你告诉他如何做，做什么事；第三种人是需要你时时看着他，并指挥他做，他才能把事做好，这种人也是三种人当中最差的，他们都不会有什么好的结果，只会大半辈子辛苦工作，却又抱怨运气不佳；最后一种人是最好的，他们不要你指示，就会自主地找到需要他们做的事，而且他们有着一颗进取心，他们会随时地鞭策自己追求更多、更好的目标，因为他们的进取心在不断地推动着他前行。

人的生命是有限的，进取心就是你追赶时间的加速器，无论你的人生目标是什么，你都会感受到进取心这种驱动力不断地牵引你向前跑。成功者一旦确定了生命中哪些事情最重要，他们就决不会浪费自已的时间和精力。因为，一个人的进取心就是他往前走的动力，无论你的目标是什么，都应把目标不断向前推。

无论你在什么行业，有什么技能，你都应该争取在这一领域取得领先的位置。这是你拥有进取心的表现，也是你对梦想追逐的表现。对于成功者，进取心是无比重要的，同样对于那些失败者来说，进取心也是重要的，当你失败时，你只要还有进取的心理，有勇气，那么你就会拥有更多的力量来追求你的成功，再一次从失败的地方站起来。

进取心使那些原本平凡的人，成为了当今的十大富豪，使那些下层人物，例如本杰明·迪斯雷利，从低层一步一步地向前迈进，直到最后成为一个世界大国的首相，居于社会和政治权力的顶端。

那些出名的、有成就的成功者们，在他们的心底，始终有着一股神秘的力量牵引着他们，然而这种神秘的力量，是他们无法抗拒的，所以他们最终一步一步地走向了成功，这种神秘力量就是“进取心”。

有梦才有高飞，有梦才有进步。想要有进步，就不能没有进取心。换句话就是说：一个人没有梦想，就无法实现任何理想，也不可能有所获取。人可以一无所有，但不能没有梦想。人没有梦想，生活就没有目标。没有了目标，也就没有了进取心，这样你的人生就失去了希望。

◆ 今天的努力明天的收获

很久以前有一个老人，他收集了三只大钟，其中两只已经很老了，而另一只却是全新的，当老人给新钟安装上零件后，三只钟都响了起来。一天，有一只老钟对新钟说："让我们一起工作吧。不过我有一些担心，我不知道你能不能走完我们要走的路，那可是3200万次啊，只有走完这3200万次以后，主人才会再给我们动力。"

呆了，完全呆了，新钟听完老钟的话后呆呆地说："天啊！3200万次。那是一个什么样的数字啊！做这么多的事，我真的办不到，我怕我到不了那个时候就不行了。"

这时另一只钟说话了："你别听他乱说，他就是吓吓你，你只要每秒动一次就行了，我们也是这样过来的。"

"没这么简单吧！"新钟很不信的说道。

"你相信我吧！"那只钟说。

"嗯！我试试吧！"新钟说道。

就这样，新钟轻松地一秒动一次，一秒动一次，不知不觉中，3200万次过去了。

是啊！3200万，看上去是一个天文数字，但是我们只要坚持每时每刻不停地走下去，总有一天我们会走完的。

现实生活中，很多成功与不成功之间的距离并不是大多数人想象的那么远。成功与不成功之间只差别在一些小小的事情上。如果我们从这些小事着手，从每一步做起，取得每一点每一滴的成功，我们就会越来越强。

有一位老人，他从北方的一个城市里骑自行车绕着中国的海岸线，跑了一圈，当他经过长途跋涉，克服了重重困难，到达目的地的时候，有人问他是如何鼓起勇气走完这条路的。

老人这样回答道："我走一步路不需要勇气。我的举动就是这样。我先制定了一小段路，当我到了那儿，再重新开始，再走一小段，就这样一次再一次地开始完结，我就到了这儿。

始终坚持比别人多付出一些、多努力一些，尽量别让自己停下来，特别是在一帆风顺的时候。做任何事，只要你走出了第一步，再努力一点，然后一步一步地走下去，离成功也就不远了。

今天的努力就是明天的收获，不要因为今天取得了一点点的成就而沾沾自喜，不要因为今天取得了一点成功就停了下来，如果这样你以往的努力就全都白费了，所以要始终坚持地做下去，成功后还要给予自己更大的压力，不断地提出新目标，让自己永远努力下去。

范光陵是台湾的电脑专家，他在美国获得多个学位，美国得斯顿豪大学的企业管理硕士、犹他州州立大学的哲学博士学位。可后来他去专攻电脑，并获得了极大的成就。他著的一本叫《电脑和你》的通俗读物，畅销于台湾和东南亚各个地方，他还举办讲座，召开电脑国际会议，发表电脑演讲等等，在电脑方面做出了很大的贡献，为此他还得到了泰国国王、英国皇家学院的奖励。

然而，我们许多人都只是看到了范光陵成功的一面，没有看到他失败的一面。范光陵刚到美国时，是靠打工吃苦才生存下来的。刚到美国时，他在一家饭店里打杂，好多烦琐的事都由他来完成。对于他来说，洗饭、切菜、倒垃圾、打扫厕所等等事情都是他一个人加班完成的。每天在别人休息以后他还在忙碌地工作着。

还有一段时间，他口袋里一分钱都没有，肚子饿了就喝清水，晚上没有睡觉的地方就睡公园或桥洞。但是他仍然不停地努力，他相信自己能够取得成功。功夫不负有心人，他确实成功了，经过他的努力他终于找到了一条属于自己的路。

事实也正是如此，世界上的事，从来都是付出多少收获多少。怕吃苦、图享受是什么事也做不成的，看看身边那些成功的人，哪一个不是经过多年的努力换来的。

要做出成就，必然要付出比别人多几倍的努力，许多优秀的人才既不缺少情商也不缺少智商，但他们缺少了比别人多吃苦多努力的精神。这不是其他人的错误，而是他们自己的责任，如果他们能每天多努力一点，多奋斗一点，他们吃苦耐劳的精神在不久之后就会养成了。

现实生活中，我们总是忽视了很多有趣的小事，然而，世上万物都一样，如果以临时的眼光去看待，那么每件事都遥不可及，如果我们每天多努力一点，多做一点，奇迹也能创造。

任何人都要拥有多做一些工作的心态，这样你才能在工作中得到更多的机会，更容易获取老板的赏识。所以，赶快放弃“这不是我的份内工作”的念头吧！把“每天多做一点点”当成你生活中的一部分。

第五章
成功的责任心

作为一个员工，既然选择了一个公司，就要把自己的事业和公司的发展结合起来，对该公司的企业文化有一个认同感。这样，你就会与公司一起同生死、共命运。在公司兴旺发达时，你就会有巨大的成就感和荣誉感。同时，公司会为拥有像你这样优秀的、忠诚的员工而自豪，你也会为与这样优秀的公司合作而光荣。当公司景况不佳时，你就会感到责任重大，并为扭转公司形势而倾心尽力。

◆ 责任让人走向成功

责任让人坚强，责任让人勇敢，责任也让人知道关怀和理解。因为我们对别人负有责任的同时，别人也在为我们承担起责任。

在家里我们要对家庭负起责任，因为责任让家庭充满爱。社会同样需要责任，因为责任能够让社会安全、平稳地发展。我们的企业也同样需要责任，因为责任让企业更有凝聚力和竞争力。

我们说了这么多，那么什么是责任呢？责任就是对自己所负使命的忠诚和信守，责任就是对自己工作出色的完成，责任就是忘我的坚守，责任就是人性的升华。总之一句话，责任就是做好社会、领导或亲人赋予自己的任何一件有意义的事情。

责任，从本质上说，是一种与生俱来的使命，它伴随着每一个生命的开始和终结。但是，现实当中只有那些能够勇于承担责任的人，才有可能被赋予更多的使命，才有资格获得更大的荣誉。一个缺乏责任感的人或一个不负责任的人，首先失去的是社会对自己的基本认可，其次失去了别人对自己的信任与尊重，甚至也失去了自身的立命之本——信誉和尊严。为此我们需要责任。但随之而来的问题是我们为什么需要责任呢？要了解这个答案我们来看看下面的一则故事。

一个三口之家在春天到来时走上了他们的幸福之旅，父母、孩子脸上是喜气洋洋，本来一切都是幸福美好的。但他们不知道的是正是这次的游玩让他们一步步地走近灾难。

为了更好地看风景，一家三口坐上了高空缆车，从高空看外面的景色，真是美不胜收，三人都非常高兴。但随之而来的是灭亡，缆车突然间从高空坠了下来。这时所有的人都意识到灾难来了，因为缆车太高了，人们都认为三人死定了。但最后营救人员却从坠下的缆车内带回了惟一的一个人，就是那个三口之家中的孩子，一个三岁大的孩子。

后来一位营救人员回忆说，在缆车坠下时，是他的父亲将他托起，是他父亲用自己的身躯阻挡了缆车坠下时的撞击，这一挡也将死亡挡在了自己身上而救了孩子。

听到这时所有的人都震撼了，这就是父母在生命最后一刻仍旧没有忘记自己的责任而带来的震撼，他们的责任是保护孩子，所以在最危难的瞬间，父亲用自己的双肩托起了自己的孩子，为他夺得了一次重生的生命。

这就是责任，这就是责任所需要的理由。认识了责任的理由，我们就要清醒地意识到自己的责任，并勇敢地扛起它，无论对于自己还是对于社会都将是问心无愧的。人可以不伟大，人也可以清贫，但我们不可以没有责任。任何时候，我们都不能放弃肩上的责任，扛着它，就是扛着自己生命的信念。

上述故事所带来的责任我们称之为亲情责任，亲情的责任让大家感动，友情的责任让大家感到幸福，爱情的责任让大家感到忠诚，为此，我们不能推卸责任，因为我们推卸了责任就等于伤害了我们的亲情、友情、爱情。我们的社会需要责任，因为责任能够让社会平安、稳健地发展。我们的企业需要责任，因为责任让企业更有凝聚力、战斗力和竞争力。

森林里，一只母狮子正给小狮子喂奶，它没发现危险的到来——猎人正悄悄地走近它。当它终于感觉到危险的时候，猎人已经举起了长矛。母狮子为了救孩子，放弃了逃跑，而是冲着猎人怒吼而去。发怒的狮子极其凶猛，把猎人吓傻了。因为平时，狮子看到猎人拿着长矛早就跑得没影了。看到狮子发怒的样子，猎人早已顾不得刺杀狮子了，而是掉头就跑。母狮子最终凭着自己的勇敢，救了自己的孩子。

我们当然可以认为这是母狮子的本能，但它也有趋利避害的本能，为什么在一刹那间，它没有选择逃跑而选择了迎向危险？解答只有一种：因为它是母亲，它要尽到做母亲的责任。

动物尚且如此，那么我们人类又当如何呢？道理是相同的，毕竟当我们坚守责任时，我们就是在坚守最根本的义务。

无论你们从事的是什么样的工作，只要能认真、勇敢地担负起责任，你所做的就是有价值的，你就会获得尊重和敬意。有的责任担当起来很难，有的却很容易，无论难还是易，不在于工作的类别，而在于做事的人。只要你想、你愿意，你就会做得很好。

我们工作不仅仅是为了钱，为了生存，因为工作还是一种需要，是寻找自己价值的一种需要。工作和事业满足了大家自我实现的需要，而人的这种最高需要则是工作所带来的认同感、满足感，所以我们更加不能推卸责任，因为责任还代表着我们自身的价值体现。

我们所生存的世界是相依为命的世界，所有生存在这个世界的人都需要共同努力，郑重地担当起自己的责任，这样我们才会有生活的宁静和美好。如果一个人懈怠了自己的责任，那么这个人就会给别人带来不便和麻烦，甚至是生命的威胁。

很多时候，一件看起来微不足道的小事，或者一个毫不起眼的变化，却能改变一场战争的胜负。战场上无小事，这就要求每一位军官和士兵始终保持高度的注意力和责任心，始终具有清醒的头脑和敏锐的判断力，能够对战场上出现的每一个变化、每一件小事迅速做出准确的反应和决断。我们发现，“战场上无小事”也同样适用于企业，适用于企业的每一位员工，因为，在工作中也没有小事。

希尔顿饭店的创始人康·尼·希尔顿就是一个注重“小事”的人。康·尼·希尔顿要求他的员工：“大家牢记，万万不可把我们心里的愁云摆在脸上！无论饭店本身遭到何等的困难，希尔顿服务员脸上的微笑永远是顾客的阳光。”正是这永远的微笑，让希尔顿饭店遍布世界各地。

其实，每个人所做的工作，都是由一件件小事构成的。我们在外面上学住校时，每天都会重复着做一些小事，对于这些小事你是否感到厌倦、毫无意义而提不起精神？你是否因此而敷衍应付，心里有了懈怠？这不能成为你漠视责任的理由。请记住这就是你的工作，而工作中无小事。要想把每一件事做到完美，就必须付出你的责任心和努力。

我们大家都应该很清楚，一个人有没有责任感，并不仅仅体现在大是大非面前，而是大多体现于小事当中。一个连小事都不愿负责任的人，又怎能在大事上承担责任呢？一个对待工作不小心、不留神、马虎、大大咧咧的员工，又怎么能把工作圆满完成呢？

任何一个老板都是精明的，他们是不会容忍那些只知拿薪水、工作不负责任的员工的，更何况企业与企业之间，公司与公司之间，竞争越来越激烈，只要员工在工作中有一丁点儿不负责任，都有可能导致整个企业蒙受巨大损失。

“粗心、懒散、草率”这样一些字眼，正是工作不负责任的表现。好多这样的人，比如职员、出纳、编辑、工程技术人员甚至大学教授等，就是因为工作粗心马虎而丢掉了工作。

作为一名员工，自己应该做的事情一定要保质保量完成。不要以为自己不做自会有人来做；不要以为自己不负责不会被人发现，不会对企业有什么影响；也不要只注意数量而不在意质量，草草地完成数量任务。

“这不是我职责范畴内的事，我瞎操什么心呀？”如果总是抱着这样的想法，不管你的自身条件多好，你想成功的愿望也是非常渺茫的。因为你的这种不负责的态度，随时有可能给企业造成不可估量的损失。

事实上，只要你是企业的一员，你就有责任在任何时候维护企业的利益和形象。

我上初中时，我们班打算选举班干部，这次选举作为班主任老师，也就是我的语文老师刘老师，他用了半个多月来观察我们班的所有同学，在前一个星期之内刘老师看重了一位男同学，准备让他来当班长，因为刘老师认为，这个男同学个子大，而且学习也好，平常和其他同学也相处得不错，所以决定了就是这位同学做班长。

但是，在选举的前两天，刘老师偶然走在这个同学的后面，看到他有意将掉在路中间的废纸踢向一边，而不是捡起来扔进废物筒里。这可是举手之劳啊！后来，刘老师一连好几天都在留意这个同学的举动，他发现：午餐后，这名同学没有将用完餐的餐具放在指定的地点，早晨起床后，他的床铺并没有按规定折叠好（当时我们的学校提供住宿），于是刘老师很快地做出了决定，改变了班长的选举人，另外选举了一名女同学。因为在刘老师的眼里，这样一个连起码的日常准则都无法自觉遵守，甚至没有公德心的人，又怎么可能成为一名出色的带头人呢？怎么能给一个班级带来荣誉呢？

所以，我们应该清楚，责任是不分大小的，一丁点儿的不负责，就可以使一个百万富翁很快倾家荡产；而一丁点儿的责任，却可以为一个公司挽回数以千计的损失。

◆ 成功源于责任

对我们而言，无论做什么事情，都要记住自己的责任，无论在什么样的工作岗位上，都要对自己的工作负责。

下属的希望是生活好，前途好，有保障。正泰集团董事长南存辉曾说："正泰有'两个上帝'：一个是顾客，一个是员工，要善待这'两个上帝'。"

中国古代思想家荀子说："对于一般百姓，你只剥削他，而没有给予利益；只想百姓效忠你，而你从不关怀他们；只强迫大家为你做事，你不曾为百姓做实事。这样治理国家，结果只有一个可能，就是灭亡。"

可见，治国要以人为本，治理企业也要以人为本。以人为本体现在哪里？

李嘉诚说："最重要的是了解你的下属的希望是什么。第一，除了生活，他们一定要前途好；第二，除了前途好之外，到将来他们年纪大的时候，有什么保障等，很多方面要顾及到的。"

在正泰打工的李晓霞是幸运的。李晓霞来自云南，在正泰，她却感觉像在家一样温暖。因为正泰真诚地关心着每一位员工。李晓霞这样说道："我到了正泰，感觉到了家的温暖，那年，我去外地出差。由于是坐公共汽车去的，所以晚了三天回到公司，很不幸的是在这三天中下雪了，回来的路上我们出了车祸。在医院里，我没有得到及时的救治，导致了我的脚永远无法愈合。这完全是医院的责任，当时我要求医院负责，并给予赔偿。但是，医院却认为院方没有责任，并通过多方关系向家属施加压力。后来我们的南总知道这件事后，立即取消了出差湖南长沙的安排，亲自组织集团党委、工会等部门负责人，与医院交涉，最后达成谅解。医院领导亲自慰问，并给了我相应的经济补偿。从这件事上，我更加热爱我们正泰了，虽然我只是上万名正泰员工中普通的一员，但公司领导能够亲自过问我的事情，并促成问题的解决，还我们以公道，真是难能可贵。从这件事上，我们深深感受到正泰大家庭的温暖，感受到一名外来员工在这个大家庭中的分量，从而感受到企业以人为本的力量，我们一定忠于正泰、扎根正泰，为正泰发展效力。”

李嘉诚曾说：“可以毫不夸张地说，一个大企业就像一个大家庭，每一个员工都是家庭的一分子。就凭他们对整个家庭的巨大贡献，他们也实在应该取其所得。反过来说，是员工养活了整个公司，公司应该多谢他们才对。”

作为老板，怀着对员工的感恩心理，真诚地关心员工，让员工安心地为企业做贡献，才是企业真正的成功之道。

大家都听说过希拉斯·菲尔德先生吧！希拉斯·菲尔德先生在退休的时候已经攒了一大笔钱，如果是换成其他的老人，有了这笔钱，那他可以安然地度过他的晚年，然而我们的主角希拉斯·菲尔德先生却忽发奇想，想在大西洋的海底铺设一条连接欧洲和美国的电缆。随着他的这个突发奇想，希拉斯·菲尔德先生越来越按捺不住自己的激动心情，于是，他就开始全身心地推动这项事业。

菲尔德使尽全身解数，总算从英国政府那里得到了资助。然而，他的方案在议会上遭到了强烈的反对，不过在上院还是仅以一票的优势获得多数通过。并且找到了停泊于塞巴斯托波尔港的英国旗舰“阿伽门农”号和美国海军新造的豪华护卫舰“尼亚加拉”号来帮助他铺设电缆。随后，菲尔德的铺设工作就开始了。第一次电缆铺设到5英里的时候，电缆突然被卷到了机器里面，弄断了。菲尔德做了第二次铺设，可是电缆刚铺了一半，轮船突然发生了一次严重倾斜，制动器紧急制动，不巧割断了电缆。对于这样的打击菲尔德不在意，又进行了第三次铺设，可是这第三次接上后，只铺了200英里，在距离“阿伽门农”号20英尺处又断开了，两艘船最后不得不返回爱尔兰海岸。

三次的失败使很多人都泄了气，公众舆论也对此持怀疑的态度，投资者也对这一项目没有了信心，不愿再投资。这时候，除了菲尔德和他的一两个朋友外，几乎没有人不感到绝望。但菲尔德仍然坚持不懈地努力，他最终又找到了投资人，开始了第四次的尝试。可他还是失败了。这次电缆铺设到横跨纽芬兰600英里时，电缆突然又折断了，掉入了海底。他们打捞了几次，但都没有成功。于是，这项工作就耽搁了下来，而且一搁就是一年。

所有这一切困难都没有吓倒菲尔德。他又组建了一个新的公司，继续从事这项工作，而且制造出了一种性能远优于普通电缆的新型电缆。1866年7月13日，第五次的铺设工作又开始了，并且顺利接通，发出了第一份横跨大西洋的电报！电报内容是：“7月27日。我们晚上9点到达目的地，一切顺利。感谢上帝！电缆都铺好了，运行完全正常。希拉斯·菲尔德。”不久以后，原先那条落入海底的电缆被打捞上来了，重新接上，一直连到纽芬兰。

这个例子能说明什么呢？我想这个例子不止说明责任的问题，它还说明了一个坚持的问题，这其中，如果没有菲尔德先生对于这件事情所负的责任，绝不可能成功，同时，如果菲尔德先生没有坚持下去，那么结局也是同样的，最后还是不能成功。

◆ 力求完美

我在很多书上、资料上都想找到关于尽职尽责的一些资料，但让我很失望，找到的只是只字片段，最终我在马林所著的《再努力一点》这本书上找到了关于尽职尽责的解释。

这本书上是这样说的："尽职尽责是一种全心地付出；尽职是一种挑战困境的勇气；尽职尽责也是战胜一切的决心。尽职尽责是对工作职责的勇敢担当；是对工作环境的积极适应；也是对自己所负使命的忠诚和信守。"就以上所说，我认为再也没有什么可以如此解释尽职尽责这个词的了。

一个尽职尽责的人，一个勇于承担责任的人，会因为这份承担而让生命更有分量。

管理学家认为，尽职尽责首先是员工的一份工作宣言。在这份工作宣言里，你首先表明的是你的工作态度：你要以高度的责任感对待你的工作，不懈怠你的工作，对于工作中出现的问题能勇敢地承担，这是保证你的工作能够有效完成的基本条件。尽职尽责让人坚强，尽职尽责让人勇敢，尽职尽责也让人知道关怀和理解。因为我们对别人尽职尽责的同时，别人也在为我们承担责任。无论你所做的是什么样的工作，只要你能认真地勇敢地担负起责任，你所做的一切就是有价值的，你就会获得尊重和敬意。尽职尽责不在于工作的类别，而在于做事的人。只要你想、你愿意，你就会做得很好。事实上，不管做什么事都需要全心全意、尽职尽责，因为尽职尽责正是培养敬业精神的土壤。如果员工在工作中没有了职责和理想，他们的生活就会变得毫无意义。所以，不管从事什么样的工作，平凡的也好，令人羡慕的也好，都应该尽职尽责，在敬业的基础上取得不断进步。即使你的工作环境很艰苦，如果能全身心地投入工作，最后你获得的不仅是经济上的宽裕，还会有人格上的自我完善。

无论做什么事都需要尽职尽责，它对你日后事业上的成败都起着决定作用。张先生曾在他的一本书中这样说："如果你能真正制好一枚别针，应该比你制造出粗陋的蒸汽机赚到的钱更多。"然而，这么多年来，没有多少人领会到这一点。

一旦你领悟了全力以赴地工作能消除工作的辛劳这一秘诀，你就掌握了获得成功的原理。即使你的职业是平庸的，如果你处处抱着尽职尽责的态度去工作，也能获得个人极大的成功。如果你想做一个成功的值得上司信任的员工，你就必须尽量追求精确和完美。尽职尽责的对待自己的工作是成功者的必备品质。

尽职尽责还需要持之以恒。功亏一篑的例子太多了，比如说，水烧到99度，你想差不多了，不用再烧了，那么，你永远喝不到真正的开水。在这种情况下，百分之99%的努力就等于零。

无论做什么工作，都要沉下心来脚踏实地地去做。要知道，你把时间花在什么地方，你就会在那里看到成绩——只要你的努力是持之以恒的。这是非常简单却又实在的道理。

也许你是一个不错的员工，上司会信赖你并指派你去办个小差事，你能保证把任务完成吗？如果你前往办事的地方是有名的旅游胜地或是你久未见面的朋友故乡，你会不会忘了尽职尽责呢？你会不会放松你的责任心呢？你相信自己能完成任务吗？

事实上，人在接到一项任务时，大多数都会有压力和厌烦感，有时他们不能克制自己，他们会因为外界的诱惑而不能把精力投入到工作中去。能否努力克制自己是尽职尽责的员工和平庸员工的最大差别。

琦金国际的销售经理曾经这样说过："只有在工作中尽心尽力，才有可能前途畅达。你如果能在工作中找到乐趣，就能在工作中忘记辛劳，得到欢愉，就能找到通向成功之路的秘诀。"只有那些尽职尽责工作的人，才能被赋予更多的使命，才能更容易地走向成功。

很多人都应该懂得这个道理，工作时间无疑只能用来工作，但是真正做好的人恐怕并不多。这是为什么呢？原因只有一点，那就是责任心的多少。一个有责任感的员工，不仅仅要完成他自己分内的工作，而且他会时时刻刻为企业着想。比如，他发现公司的员工最近一段时间工作效率比较低，或者他听到一些顾客对目前公司员工服务的抱怨，他就把自己的想法和如何改进的方案写出来投到员工信箱中，为管理者改善管理提供一些参考。而有一些员工就不会发现这些问题，或者发现了也不会反馈到管理层，他们总认为那是领导者的事，我们瞎操什么心呀！说不定，费力不讨好呢！

事实是这样，其实你的费力绝对不是不讨好的，一名真正有责任感的领导者会非常感激这样的员工，而且他会很欣慰，因为他的员工能够如此关心自己的企业，关注着企业的发展，他也会为这样的员工感到骄傲，也只有这样的员工才能够得到企业的信任。

这说明了什么？这在告诫我们工作的质量往往决定我们生活的质

量，在工作中要做到更好，就不能允许自己有半点疏忽，“不以善小而不为，不以恶小而为之。”工作态度严谨周密，这是每个员工应该具备的良好行为。这就如下面这个故事所体现的真实本意一样。

现实中，我们也应该像这只狼学习，在我们的生活中，有些事情我们可以不去做，但责任要求我们去做，甚至责任要求我们完成一些我们力所不能及的事情。如果你做到了，得到的不仅仅是心理上的坦荡和安然，你的精神和责任会感染别人，然后别人会因为你的感染也更有责任感。我们的努力也才会随着人生阶段的改变而翻新，在任何时候做自己的事，都应尽己所能，无怨无悔，做到更好，就是完美。

假如你是领导的话，你也该知道哪一个员工做得更好，更应该得到提升，我们周围也有很多人会有这样的想法：认为对待工作差不多就行；对得起那点工资就够了；到点上班，准时下班；不主动做一些职责以外的事情；稍遇挫折就抱怨、退缩，结果如何呢？只能是平庸。抱着不愿有作为的态度做事，结果也只能是无所作为。永远不要满足于目前的工作表现，要做到最好，你才是最重要的。可能很少有能把工作做到完美无缺的，但是在我们不断增强自己的力量、不断提升自己能力的时候，我们对自己要求的标准会越来越高。这是人类精神的永恒本性。

◆ 把责任放在心中

我们常常认为只要准时上班，按时下班，不迟到，不早退就是敬业了，就可以心安理得地去领工资了。其实，敬业所需要的工作态度是非常严格的。一个人不论从事何种职业，都应该心中常存责任感，敬重自己的工作，在工作中表现出忠于职守、尽心尽责的精神，这才是真正的敬业。

每个人都肩负着责任，对工作、对家庭、对亲人、对朋友，我们都有一定的责任，正因为存在这样或那样的责任，才能对自己的行为有所约束。社会学家戴维斯说："放弃了自己对社会的责任，就意味着放弃了自身在这个社会中更好的生存机会。"

一位刚下飞机的外国客人坐上一辆出租车，车内的情况让他大吃一惊，车上铺着羊毛毯，地毯边上还缀着鲜艳的花边，玻璃隔板上镶着名画的复制品，车窗一尘不染……

外国客人惊讶地对司机说："我从没坐过这样漂亮的出租车。"

司机笑着回答："谢谢你的夸奖。"

外国客人又问："你是怎么想到装饰你的出租车的？"

这时司机给外国客人讲了这样的一段话：

"车不是我的，是公司的。我应该对我的公司、我以及我所承担的出租车负起责任。多年前，我在公司做清洁工的时候，每辆出租车晚上回来时都像垃圾堆一样：地板上堆满了烟蒂和垃圾，座位或车门把手甚至有一些黏稠的东西。我当时就想，如果他们对公司或出租车多负一些责任，应该就会有一辆清洁的车给客人坐了，因为客人心情好了，也许会多为别人着想一点，经济价值也就出来了。

“后来我领到了出租车牌照后，我就按自己的想法把车收拾成了这样。每位客人下车后，我都要看一下，一定要为下一位客人把车打扫干净，即使是晚上回到公司，我也一样会把出租车擦得干干净净，这是我对公司应负的责任。”

这位司机就是做到了对公司、对乘客、对车所负的责任，所以他的收入总比别人多，他得到的赞美也总比别人多。所以工作就意味着责任。每一个职位所规定的工作内容就是一份责任。你做了这份工作就应该担负起这份责任。我们每个人都应该对所担负的责任充满责任感。

责任感与责任不同。责任是指对任务的一种负责和承担，而责任感则是一个人对待任务、对待公司的态度。责任感是简单而无价的。据说美国前总统杜鲁门的桌子上摆着一个牌子，上面写着Bookofstophere（责任到此，不能再拖）。他桌子上是否有这样一个牌子，我不能去求证，但我想告诉大家的是，这就是责任感。

一个人责任感的强弱决定了他对待工作是尽心尽责还是浑浑噩噩，而这又决定了他做事的好坏。如果你在工作中，对待每一件事都是“Bookofstophere”，出现问题也绝不推脱，而是设法改善，那么你将赢得足够的尊敬和荣誉。

当我们对工作充满责任感时，就能从中学到更多的知识，积累更多的经验，就能从全身心投入工作的过程中找到快乐。这种习惯或许不会有立竿见影的效果，但可以肯定的是，当懒散敷衍成为一种习惯时，做起事来往往就会不诚实。这样，人们将会轻视你的工作，从而轻视你的人品。粗劣的工作，就会造成粗劣的生活。工作是人们生活的一部分，做着粗劣的工作，不但使工作的效能降低，而且还会使人丧失做事的才能。工作上投机取巧也许只给你的老板带来一点点的经济损失，但是却可以毁掉你的一生。

那些责任感不强的泥瓦工和木匠，将砖石和木料拼凑在一起来建造房屋，在这些房屋尚未售出之前，有些已经在暴风雨中坍塌了；那些责任感不强的医科学生不愿花更多的时间学好技术，结果做起手术来笨手笨脚，让病人冒着极大的生命危险；责任感不强的律师在读书时不注意培养能力，办起案件来捉襟见肘，让当事人白白浪费金钱；责任感不强的财务人员，在汇款时疏忽大意写错了一个账号，给公司带来灾难性的损失……这样的人，因为给老板和顾客带来灾难而失去了工作的资格。

责任感是我们战胜工作中诸多困难的强大精神力量，使我们有勇气排除万难，甚至可以把“不可能完成”的任务完成得相当出色。失去责任感，即使是做我们最擅长的工作，也会做得一塌糊涂。

有一位训练藏獒的老师傅，他非常喜欢藏獒，可以说他把他的一生都奉献给了藏獒训练事业，经过他训练的藏獒，每一只都是听话、聪明、好动的。半辈子的训练生涯，老师傅已经60多岁了，到了该退休的年龄了，于是他告诉老板，自己准备回家，安度晚年，享受天伦之乐了。老板想将这位素以认真负责著称的老师傅再留一些时间，并许诺支付双倍的工资，但老师傅拒绝了。老板请求说，那就请你最后再帮助我训练一只更好的藏獒吧，老师傅答应了。

老师傅开始训练他最后一只藏獒的时候，大家很快就发现了，虽然和以前是一样的藏獒，一样的训练，但老师傅的心思已不在这里，他训练的这只藏獒虽然说很好，但和以前所训练的那些相比，还是有一些距离了。一段时间后，他认为训练的藏獒可以了，于是向老板辞行了。在他走的时候，老板把那只藏獒送给了他，说："老伙计，我知道你很喜欢藏獒，所以这只藏獒是送给你的。是我送给你的一份礼物，我也祝你身体越来越好，生活也越来越快乐。"

老师傅接过了藏獒，但他半天一句话也说不出，接着泪流满面，羞愧得满脸通红，最后竟蹲在地上放声大哭起来。如果他早知道这是在给自己训练藏獒，他怎么会这样？他为自己这最后的败笔而痛苦不已！现在他只能天天带着他不负责任所训练出来的藏獒四处游远，虽然他的表面上很开心，但是他心里一直都在受良心的审讯，直到他死亡的那天。

是啊，在现实生活中，我们许多人何尝不是这样。也许一生都勤勤勉勉，刻苦努力，但在最后的那个时候，却放弃了原则和理想，于是不得不品尝自己一手造成的苦果。虽然你这时后悔，但是却为时已晚，你已经没有改正的机会了。

同样的一个人，同样的一件事，为什么以前做得很好，而后来却做不好呢？这说明不是因为老师傅技艺减退，而仅仅因为他失去了责任感。如果一个人希望自己一直有杰出的表现，就必须在心中种下负责任的种子，让责任感成为鞭策、激励、监督自己的力量，使自己在工作上没有丝毫的懈怠。

或许有人说，只有那些有权力的人才需要很强的责任感，而自己只是一名普通员工，只要把事情做完就行了，至于责任感有无皆可。

事实上，企业是由每一个人组成的，大家有共同的目标和共同的利益，企业里的每一个人都负载着企业生死存亡、兴衰成败的责任，因此无论职位高低都必须具有很强的责任感。

缺乏责任感的员工，不会视企业的利益为自己的利益，也就不会因为自己的所作所为影响到企业的利益而感到不安，更不会处处为企业着想，为企业留住忠诚的顾客，让企业有稳定的顾客群，他们总是推卸责任。这样的人在老板眼里是一个不可靠的、不可以委以重任的人，一旦伤害公司和客户的利益，老板会毫不犹豫地将其解雇掉。

一个有责任感的员工，不仅仅要完成他自己分内的工作，而且他会时时刻刻为企业着想。老板也会为拥有能够如此关爱自己的企业，关注着企业的发展的员工感到骄傲，也只有这样的员工才能够得到企业的信任。事实上，只有那些能够勇于承担责任、具有很强责任感的人，才有可能被赋予更多的使命，才有资格获得更大的荣誉。

对待工作，是充满责任感、尽自己最大的努力，还是敷衍了事，这一点正是事业成功者和事业失败者的分水岭。事业有成者无论做什么，都力求尽心尽责，丝毫不会放松；成功者无论从事什么职业，都不会轻率疏忽。

在某一个时刻或某一段时间，我们总是有责任感的，否则不可能完成自己的工作。但让责任感成为我们脑海中一种强烈的意识，深入到工作中的每一点每一滴，并一直坚持下去却十分困难，因为在坚持的过程中，诱惑太多。不是所有的时候，理智都能战胜感情；也不是所有时候，责任感都能战胜懒散。

上官志和曾洪是北京一家大型速递公司的两名职员，他们俩是工作搭档，工作一直很认真，也很卖力。经理对他们两个也是相当满意，然而有一件事却改变了两个人的命运。

一次，经理让上官志和曾洪负责把一件很贵重的瓷器送到一个客户的家门口，经理还反复叮嘱他们路上要小心。没想到送货车开到半路却坏了。如果不按规定时间送到，他们要被扣掉一部分奖金。

于是，上官志凭着自己的力气大，背起瓷器，一路小跑，终于在规定的时间赶到了客户家。这时，曾洪对上官志说："我来拿着吧，你去叫客户来收货。"可是曾洪的心里却是这么想的：如果客户看到我背着瓷器，把这件事告诉老板，说不定老板会给我升工资呢？这时的曾洪只顾胡思乱想，当上官志把瓷器递给他的时候，一下没接住，瓷器掉在了地上，"哗啦"一声，瓷器碎了。

"上官志，你怎么搞的，我还没有接手你就放了，这下怎么办？"曾洪大喊。

"你明明伸出手了，我递给你，是你没接住。"上官志辩解道。

他们都知道瓷器打碎了意味着什么，没了工作不说，可能还要背负沉重的债务。果然，经理知道了以后，对他们进行了十分严厉的批评。

"经理，这不是我的错，是上官志不小心把瓷器摔碎的。"曾洪趁着上官志不注意，偷偷来到经理的办公室对经理说。经理想了一会儿，然后平静地说："我知道了曾洪，你出去吧，我再想想如何处理这件事。"

过了一会儿，经理又把上官志叫到了办公室。上官志把事情的原委告诉了经理。最后对经理说："这件事是我们的失职，我愿意承担责任。另外，曾洪的家境不太好，他的责任我愿意承担，希望经理别开除曾洪，我一定会弥补我们所造成的损失。"

几天过去了，上官志和曾洪一直在等待着处理的结果。这天，经理把他们叫到了办公室，对他们说："公司一直对你俩很器重，想从你们两个当中选择一个人担任货运部经理，可是没想到出了这样一件事，但这是件坏事，也是件好事，因为这件事，使我们更加清楚应该选谁了，我们决定聘请上官志担任公司的货运部经理。因为，上官志是一个能勇于承担责任的人，他是值得信任的。另外，曾洪，从明天开始你就不用来上班了。"

"我……我……经理，能告诉我这是为什么吗？"曾洪节节巴巴地问道。

"曾洪，其实那天摔碎瓷器的过程，瓷器的主人已经看见了，当天他就给我打了电话，并跟我说明了事实的真相。另外一点，从这件事，我还看到了你们两个的反应，谁的快，谁的慢。"经理最后说。

我们知道任何一个老板都清楚，一个能够勇于承担责任的员工，对于企业有着重要的意义。问题出现后，推诿责任或者找借口，都不能掩饰一个人责任感的匮乏。

曾洪在遇到问题时，将他的责任往别人身上推，这只能说明他没有责任心，更没有把工作当成自己的事，当遇到问题时只会找借口来推卸责任，所以他不可能走向成功。通过上面这个例子，我们应该得到一些启发，就是在工作中要勇于承担责任，把它当成一种习惯去培养，一旦出现问题，就敢于担当，并设法改善。如果遇到问题只是找借口来推掉责任并置之度外，那么，最终的结果只会伤害公司和客户的利益，同时，也会伤害到自己，给自己带来本不想看到的后果。

孙南东是一家公司的生产工人，有一次，他主动向经理请缨，申请加入营销行列。当时，公司正在招聘营销人员，经理很快便同意了，因为从各项测试显示孙南东适合从事营销工作。

孙南东转入营销行列时，公司还很小，只有20多个人，他们面临着许多要开发的市场，可是公司没有足够的财力和人力来支持他们。因此，孙南东只身一人被派往南方的一个市场，在新地方，孙南东一个人也不认识，连最基本的吃住都成问题，但心中对企业的忠诚以及对工作机会的珍惜使他丝毫没有退缩。没有钱乘车，他就步行，一家一家单位去拜访，一家一家单位的介绍公司的电器产品。有时候他为了等一个约好见面的人而顾不上吃饭，有时为了见客户早上4点钟就起床。

孙南东当时的情况很糟糕，他住的地方是一户人家闲置的车库，由于只有一扇卷帘门，而且没有电灯，晚上门一关，屋子里就没有一丝光线，倒是有老鼠成群结队地“载歌载舞”。孙南东前往南方时是冬天，对于孙南东或者任何一个推销员来说，这样的气候无疑是严峻的考验，一段时间后，孙南东对公司有了一个具体的了解，可是公司的条件差到超乎孙南东的想像，有一段时间，连产品宣传资料都供不上，孙南东只好买来复印纸，自已用手写宣传资料，好在他写得一手好字。

就在这样艰难的条件下，孙南东坚持了下来，他对自己说：这是我的工作，我不能抛弃它。孙南东是一个例外，除了他之外，公司派往各地的营销人员大部分早已不堪工作艰辛而悄无声息地离职了。当然，最好的员工自然得到最好的回报，一些年后，孙南东被任命为市场总监，这时，他们的公司已经是一个上千人的大型企业了。

是啊，一个人是不是人才固然很关键，但最关键的还在于这个人才是不是一个企业真正意义上负责任的员工。

当然，责任胜于能力，并不是对能力的否定。一个只有责任感而无能力的人，是无用之人。而责任则需要用业绩来证明，业绩是靠能力去创造的。对一个企业来说，员工的能力和责任都是动态的。

不管怎样，责任感必须培养，也完全可以培养。注意工作中的细节就有助于责任感的养成。一个书店的营业员能勤擦拭书架上的灰尘，一家公交公司的司机，能让车天天保持整洁，渐渐地就会习惯成自然。当责任感成为一种习惯，成了一个人的生活态度，我们就会自然而然地担负起责任，而不是刻意地去做。当一个人自然而然地做一件事情时，当然不会觉得麻烦和累。当你意识到责任在召唤你的时候，你就会随时为责任而放弃别的什么东西，而且你不会觉得这种放弃对你来讲很艰难。

第六章
细节决定成功

天下难事，必做于易；天下大事，必做于细。不愿做平凡的小事，就做不成大事，大事往往是从一点一滴的小事做起来的。

◆ 件件工作是大事

李雄曾经说过这样的一句话："不愿做平凡的小事，就做不成大事，大事往往是从一点一滴的小事做起来的。所以，在细节处多下工夫吧！"

天下大事必做于细。很多人因为忽略某些细节而错失良机、导致失败。一些人却因为抓住了细节，从而走向成功、改变命运。

一位极普通的大专毕业的女孩，到一家外资企业去应聘，经理扫了一眼她的简历后，面无表情地拒绝了她。女孩收回自己的简历，站起来正准备走，突然感觉手被什么东西扎了一下，看了看手掌，上面已经沁出了血珠。原来是凳子上一个钉子露在了外面，她见桌上有块镇纸石，便拿过来用力把钉子压了下去，然后微微一笑，说声告辞便转身离去了。几分钟后，经理派人在楼下追上了她，宣布她被破格录用了。

为什么呢？原因很简单，不管在什么情况下，也不管做什么事情，我们都要注意那些细微之处，不要因为忽略那么一点点的细微之处而给我们带来失败。

天下难事，必做于易；天下大事，必做于细。这句话精辟地指出了一个观点，那就是想成就一番事业，必须从简单的事情做起，从细微之处入手。在《细节决定成败》一书中我看到过这样的一句话：

“在建筑设计业，如果对细节的把握不到位，无论你的建筑设计方案如何恢弘大气，都不能称之为成功的作品。”由此可见对细节的重视是多么的重要。

我们慢慢地去体会，或者在自己的身上就能发现，如果我们是一个细心的人，那么我们就会很少犯错误，如果我们不细心，那么一定是天天小错不断。从古到今，我们只要认真地去观察就会发现，那些成功者及伟人都是注意细节的人，只有注意细节，方可成为天才。

有一个女孩子，她是大山里的人，在她成年后，来到了城里工作，半年后因为工作勤奋，老板将一个小公司交给她经营。她很快地就将这个小公司管理得井井有条，业绩直线上升，很快她的名声就出来了。有一次一个外商听说了之后，想同她洽谈一个合作项目。谈判结束后，仍没有取得实质性的结果，但她还是邀请了这位外商共进晚餐。这次的晚餐很简单，最后，几个盘子都吃得干干净净，只剩下两个小笼包子。这时她对服务小姐说，请把这两只包子装进食品袋里，我带走。外商将这一切都看到眼里，当即站起来表示明天就同她签订合同。

为什么会这样呢？原因很简单，那就是这个女孩的节俭和细心打动了这个外商，虽然说只是把剩下的两只小笼包带走这样极其平凡的小事，但她的确感动了外商，使外商顺利地与公司签订了合同，也正由此我们看出了小事背后蕴藏着的精神。

我在上学的时候，我的老师讲过一个找工作的故事。一个相貌平平学历一般的年轻人，是一所极普通的中专学校毕业的，成绩也很一般。他毕业后，面临的第一件事就是找到一份适合自己的工作，那天他在报纸上看到一家大公司在招聘员工，可是他很清楚自己的学历和资历根本不可能进入那家公司。后来一个朋友说了几句鼓励他的话，他也这么认为，去不去是我的自由，我去了又不会少点什么，反而会给我带来一些经验，所以他决定去那家公司应聘。当时经理看了他的履历，没有什么表情地拒绝了，说他的学历太低，而且没有实际经验。这个年轻人很悲伤，当他起身要走出办公室时，他看到了地板上有一个正冒着烟的烟头，于是他弯下身子把这个烟头拿了起来，并带出了办公室，正当他要走出公司大门的时候，他忽然听到了后面有人叫他，来人告诉他，他被聘用了，这个年轻人很吃惊，奇怪地问："为什么我会被聘用，我不是没有学历和资历吗？"

后来这个经理给出了答案，原来是他弯腰捡烟头的过程让这个经理看到了，所以聘用了他。由此，我们可以看出在一件很细小的、与自己无关的事情上也能体现出对别人体贴、关心和负责任的人，他能获得成功是毋庸置疑的。

有一句话是这样说的："最伟大的生命往往是由最细小的事物点点滴滴汇集而成的。"事实确实如此，绝大多数人很少能有机会遇到那种重大的转折，很少有机会能够开创宏伟的事业。而生活的溪流往往是由这些琐屑的事情、无足轻重的事件以及那些过后不留一丝痕迹的细微经验渐渐汇集成的，也正是它们才构成了生命的全部内涵。

万事皆因小事起。这句话是所罗门说的，而克里米亚战争正好可以为这句话带来实证。克里米亚战争带来的人员伤亡和财产损失是巨大的，欧洲的四大强国英国、法国、土耳其和俄国都被卷了进来，而战争最初却是因一把钥匙而起。

当时土耳其宣称，耶路撒冷圣墓中的一个神龛归土耳其的基督教会所有，于是就把神龛锁了起来，并且拒绝交出钥匙。这一行为使得希腊的教会很恼火。后来，争端不断升级。于是，俄国作为希腊的保护国，法国作为拉丁教会的代表也参加了进来。形势开始变得复杂起来。俄国要求土耳其对希腊的教会进行补偿，但土耳其拒绝这一要求。由于英国传统上就有保护土耳其人的习惯，在这场纠纷中他们理所当然地站在土耳其人的一边，同他们结成联盟共同反对法国和俄国。就是这样芝麻粒大小的事情，引发了这场巨大的纠纷。

对于这场战争，后来的人们有这样一个说法，那就是不注重细节而引发的。无论做什么事情，细节万万不可忽视，否则就有可能付出极其惨痛的代价。

◆ 成功从小钱赚起

世界上许多富翁都是从“小商小贩”做起的，只有扎扎实实地从小事情做起，才能希望有朝一日干大事业。这样从事的事业才会有坚实的基础，如果凭投机而暴富，那么来得快，去得也快。钱赚得容易，失去得也容易。志高空调的李兴浩，他创业的时候是卖5分钱一根的冰棍慢慢起来的。华人首富李嘉诚，他的成功也是从最低层做起的。所以，我们要想成功也应该从最低层开始，

“以小搏大”是成大事者常用的手段。其原因之一是有些人一心想发财，但他不屑于赚小钱，只想赚大钱。结果大钱小钱都没有赚到。

虽然我们有“从今天起开始做”的想法，但如果订了过大的计划，到后来难以实行，是不会有什么结果的。因此，在开始时，不要把目标订得太远，应从小处着眼。

有一位成功者，他曾经干过传销业务，他认为：若要增加客户的好感，应该先把自己的外貌整理好。因此，他每天早上在镜子前仔细研究，想办法使别人对他产生好感，所以，可以这么说，他的成功，便是他平常累积小事而导致的。万丈高楼平地起，你不要认为为了一分钱与别人讨价还价是一件丑事，也不要认为小商小贩没什么出息，金钱需要一分一厘积攒，而人生经验也需要一点一滴积累。在你成为富翁的那一天，你已成了一位人生经验十分丰富的人。

现在从学校毕业出来的的年轻人，大部分都不愿听“先做小事，赚小钱”这句话，因为他们都雄心万丈，梦想着一踏入社会就进入高层，或者自己办个公司做大事，赚大钱。

当然，这些年轻人的“做大事，赚大钱”的志向并没什么错，而且还有益，因为有了这个志向，他们就可以不断向前奋进。但是，我们话又说回来，社会上真能“做大事，赚大钱”的人并不多，更别说一踏入社会就想“做大事，赚大钱”了，就算他们真的能做大事，赚大钱，那么也不会是他们自己一分一分地赚起来的，这样的人他们应该具备优越的家庭背景。例如家里有庞大的产业或企业，或者是有一个有权有势的父亲（母亲），因为这样的父母，因为这样的背景，所以一踏入社会就可以“做大事，赚大钱”，但又有多少人有这样的背景呢？而且就算有了这样的背景，他们的父母会让自己的子女这样做吗？我想他们也不愿让自己的子女这样吧！

还有一种，那就是天才，或者说他们有过人的才智，换句话说，就是他一出生就是一块天生“做大事，赚大钱”的料子。

最后一种，就是我们平时所说的运气了，但是有好的运气也应该有优越的家庭背景才能让他真正的“做大事，赚大钱”！

为此，就以我们上面所说的三点来看，你自己想想，你具备了这样的条件吗？你的家庭背景如何呢？有没有可能助你一臂之力？你的才智如何，是“上等”、“中等”还是“下等”？别人对你的评价又如何呢，你对自己的“机遇”有信心吗？

如果没有，那么就从小事做起吧！事实上，很多成大事、赚大钱者并不是一走上社会就取得如此业绩，很多大企业家就是从伙计当起，很多政治家是从小职员当起，很多将军是从小兵当起，人们很少见到一走上社会就真正“做大事，赚大钱”的！所以，当你的条件只是“普通”，又没有良好的家庭背景时，那么“先做小事，先赚小钱”绝对没错！你绝不能拿“机遇”赌，因为“机遇”是看不到抓不到，难以预测的！

而且“先做小事，先赚小钱”还能给我们带来一些意想不到的好处。

“先做小事，先赚小钱”可以在低风险的情况之下使我们积累工作经验，同时也可以借此了解自己的能力。当你做小事得心应手时，就可以做大一点的事。赚小钱既然没问题，那么赚大钱就不会太难！何况小钱赚久了，也可累积成“大钱”！

“先做小事，先赚小钱”同时还可培养自己脚踏实地做事的态度和金钱观念，这对日后“做大事，赚大钱”以及一生都有莫大的助益！

“先做小事，先赚小钱”还有最后的一个好处，就是积小成大，积少成多，时间久了，小钱也会变大钱。

所以，我提醒大家千万别自大地认为你是个“做大事，赚大钱”的人，而不屑去做小事、赚小钱，你要知道，连小事都做不好，连小钱都赚不来的人，别人是不会相信你能做大事、赚大钱的！如果你抱着这种只想“做大事，赚大钱”的心态去投资做生意，那么失败的可能性很高！

翻看中国富豪榜的这些富人们的成功之道，哪一个不是从小事做起，从小买卖做起，从小钱赚起的。

◆ 从小事开始

每个人所做的工作，都是由一件件小事构成的，但不能因此而对工作中的小事敷衍应付或轻视责任。所有的成功者，他们与我们都做着同样简单的小事，惟一的区别就是，他们从不认为他们所做的事是简单的小事。

人往高处走，不是好高骛远，而是脚踏实地，一步一个脚印。

一个穷人和一个富人他们在同一天，同一个地方去找工作。一天，他们同时看到了一枚硬币躺在地上，那个穷人看也不看就走了过去，而那位富人却激动地将它捡了起来。

他们两个人同时走进一家公司。公司很小，工作很累，工资也低，穷人不屑一顾地走了，而富人却高兴地留了下来。

两年后，两人在街上相遇，富人已经变得更加富有了，而那个穷人却还依然在寻找工作。

从上面这个小故事，我们得出一个结论，任何事，只有从细微之处做起，才能得到成功，不要一开始就只往高处看，而忘记了自己的起点。

或许有人会问："为了一枚硬币而弯腰的人，怎么能这么快就发了财呢？"

原因很简单，那个穷人并不是不要钱，他需要钱，但是他的起点太高了，他眼睛盯着的是大钱而不是小钱，所以对于他来说，他的钱总在明天。而那位富人就不同了，他之所以能成功就是因为他知道，只有从小事做起，从小钱赚起，才能更加容易成功。

难道不是吗？的确如此，只有心存远大志向的人，才有可能成为杰出的人物。但要成功，光有心高气盛远远不够，还需要从小事做起。

小王是一家电器制造公司的清洁工，这家公司在电器制造业内有着很高的水平，其产品销往全国各地。很多大学毕业生到该公司求职遭拒绝，拒绝的原因很简单，该公司的高技术人员爆满，不再需要各种技术人才。但是令人垂涎的待遇和足以自豪、炫耀的地位仍然向那些有志的求职者闪烁着诱人的光环。

小王是一个大学的高才生，在他没进这家公司之前，他和许多人的命运一样，在该公司每年一次的用人测试会上被拒绝申请，其实这时的用人测试会已经徒有虚名了。可是小王并没有死心，他发誓一定要进入这家电器制造公司。于是，小王想出了一个办法，他决定先进入这家公司，其他的以后再说，就这样，小王成为了这家公司的清洁工。

一年以来，小王勤勤恳恳地重复着这种简单劳累的工作。虽然他的表现很好，但是仍然没有一个人提到录用他的问题。

一年后，小王的机会来了。那年，公司的许多订单纷纷被退回，理由均是产品质量问题，为此公司将蒙受巨大的损失。公司董事会为了挽救颓势，紧急召开会议商议对策，当会议进行一大半却未见眉目时，小王闯入会议室，提出要面见总经理。

总经理见到了小王，问他有什么事，小王就把他的目的说了出来，经理听后让他在会上把这些问题说出来，在会上，小王对产品质量这一问题出现的原因作了令人信服的解释，并且就工程技术上的问题提出了自己的看法，随后拿出了自己对产品的改造设计图。这个设计非常先进，恰到好处地保留了原来电器的优点，同时克服了已出现的弊病。

总经理及董事会的董事见到这个编外清洁工如此精明在行，便询问他的背景以及现状。当问清楚后，他们便立即聘小王为公司负责生产技术问题的副总经理。

为什么小王会这么清楚产品质量的根源呢？原来，小王在做清扫工时，利用清扫工到处走动的特点，细心察看了整个公司各部门的生产情况，并一一作了详细记录，发现了所存在的技术性问题并想出解决的办法。为此，他花了近一年的时间搞设计，获得了大量的统计数据，为最后一展雄姿奠定了基础。

所以，我们要坚信，成大事者必先从小事开始。

第七章
走向成功无借口

成功者找方法，挫败者找借口。失败的人之所以失败，是因为他们太善于找出种种借口来原谅自己，也得到别人原谅。不找借口，是忠诚的表现。成功的人，事前头脑中只有“想尽一切办法”，事后头脑中只有“这是我的责任”。

◆ 成功不需要借口

世界上的事情从表面上看去，是错综复杂的，其实当剔除掉一切不必要的因素和环节之后，你会发现，其实任何事情最初都是由一些简单的直接的元素构成的，而在这些元素之上衍生出来的东西，都是可有可无的，它们的作用只是用来迷惑人的眼球。在追求成功的道路上，我们必须具有这样的能力。

现实生活中，对待同样的一件事，有的人就利用这样的能力找到了将问题顺利解决的方法，有的人却并没有这样做，而是用一些借口把问题敷衍了过去。于是，前者获得了成功，而后者却不得不接受失败的命运。其实，这样的能力每个人都具备，只要我们远离了借口，勇敢地承担起自己应付的责任。

眼下正红的NBA明星基德小的时候，常跟父亲去打保龄球。每一回合的较量，他得分都低于父亲。一次次地输给父亲，让小基德心里很不服气，每次他总是找出这样或那样的理由，去遮掩自己与父亲球技上的差距。

这天打完保龄球，他又是一败涂地，又找借口解释自己为何没打好，这回父亲直掏要害地说："另再找借口了。你保龄球打得不好，是因为你不够用功。"

一个人无论逃避责任，还是推脱过错，总能找到借口。任何时候，任何情况下，借口都无助于成功，反而会拖累前进的步伐。父亲这一逆耳之言，对基德的震动很大。从这一天开始，他把注意力倾注到用功练习上，而不是事后寻找借口。

1994年赛季，基德有幸成为美国职业篮球协会的最佳新秀。在达拉斯小牛队，每次集体练完球，都仍有一个球员留有篮球场，带球奔跑投篮多练一个小时，这个人就是基德。

另一个成功事例来自军界。在美国西点军校，有一个历久不变的传统，就是新生遇到学长或军官问话，只能按教范选择回答：报告长官，是；报告长官，不是；报告长官，不知道；报告长官，没有任何借口。新生除了这4种标准回答方式，不能再多说一个字。

学校之所以这样规定，就是要让学生明白，要成为一名最优秀的军人。首先必须学会服从和忍耐。一旦无权解释，也就没有任何借口，人就会更加尽心尽力把事情做得更圆满。

一次，连长派新兵赖瑞到营部办事，只给了他3个钟头时间，却交待了7项任务。有些人要见，有些事要请示，有些东西要报批，还要设法搞到一些紧缺物资。赖瑞决心要完成任务，至于怎样才能过关斩将他心里并没有多大的把握。

匆匆赶到营部的赖瑞，果然遇到了麻烦。连队需要的物资营部也货源不足。赖瑞试图用语言打动负责补给的中士，希望他能从紧缺的存货中拨给他一点，可惜未能如愿。尽管如此，赖瑞并没有轻易放弃，而是摆出一副不达目的不罢休的架式，一直与那位中士软磨硬泡，最后总算感动对方把事办成了。

一门心思地要完成任务，不想带回去任何借口，赖瑞完成了看似完不成的7项任务，当他回去交差的时候，连长嘴上没说什么，脸上却流露出惊讶之色。从西点军校毕业，赖瑞留校担任战略策划，退伍后他出任了艾尔伯马尔学院院长。

西点军校造就了大批军事人才，也培养出无数商界精英，这“没有任何借口”6个字，显然发挥了不可或缺的作用。

借口就像是深不可测的泥潭，每一个陷入其中的人，最终都会犹如落入虎口的羔羊，因为失去了招架之力而只能束手就擒，一命呜呼了。

无论是企业，还是个人，远离了借口，就离成功越来越近，一旦选择了借口，便无可救药地陷入了死亡的泥潭，毫无招架之力只能束手就擒，一命呜呼了。所以，要拯救自己，要在竞争中立于不败之地，首先必须尽力清除借口。

大多数的成功者，他们从不编织借口逃脱自己的责任，他们往往对每件事情都是神情专注、干劲十足地全心投入，他们都拥有一种不达目的誓不罢休的心态。同时，在这些成功者的心里根本就没有想到去找借口，在他们的心里也根本没有想过失败的念头。

拒绝一切借口，不是冷漠或缺乏人情，而是对人对事至大至善的关注与支持，竭尽所能将可能的伤害与打击降至最低。在我们的心里，我们要防范一切借口，摒弃一切借口。

不找任何借口，在任何时候都是成功者的关键因素之一，不管是做企业的还是保卫国家的士兵都一样。面对腥风血雨、风云变幻的战场，那么肩负自己和他人生死存亡乃至民族国家安危重任的士兵来说，当他们选择了这个职业时，那么借口这个词在他们的眼中或心中已经不重要了。因为在他们的心目中只有：“是”，“不是”这两种回答。因为他们不会为自己找任何借口来为失败辩解。

在我们身边的生活与工作中，借口如幽灵般四处游荡，肆意横行。有的人有意无意地编织着各种各样冠冕堂皇的借口，有的人绞尽脑汁寻找借口，有的人处心积虑制造借口。不管怎么说，他们最后的意思就只有一个，用借口来做他们的挡箭牌。

如今各种借口随处可见，已经成为普遍存在的社会现象。我们经常可以听到类似这样的话：“对不起，我迟到了。本来我应该很早就到的了，但这些天在修路，由于路上堵车我才来晚的。”“这不是我的错，如果不是他们这么晚才把我所需要的材料送来，我的工作早就完成了，也不会等到现在。”“他们做决定的时候根本不听我的建议，这不是我的责任。”“我的任务是只管工作，不能做任何决定。”“是的，这个月我的销售额下降了，但我联系到几个新客户。”“下个月我会更注意的。”“今天太晚了，我想我明天一定能做完的。”上面这些话，好像都是合情合理的解释，也似乎是正当有力的理由。总之，对于一部分人来说，事情做砸了有借口，工作没完成也有借口。只要他们有心去找，借口将无处不在。人类似乎天生就具有利用现有条件制造出自然的、恰当的、富有创造性的借口的本领。

现在很多企业都患这样的通病，那就是被这样那样的借口严重干扰了公司的正常运行，这些借口危害了企业的合理利益。任何企业只要放纵借口与企业的生存发展密切联系在一起，那么只要有它存在，迟早会有一天将把企业送上土崩瓦解的“断头台”。

对于以上所说的，解决的办法很简单，那就是彻底地消除它，只有消除了它，企业才能拥有重见天日的希望，才能迸发重新再来的活力与能量，才能克服重重困难，争取胜利。企业与借口是对立冲突，誓不两立的，必须将借口赶出公司。

从表面上来看，借口伤害到的是公司，是企业，但认真地思考、分析就会发现，真正受伤害的是那些遇事找借口的人。因为，他们用借口来隐蔽他们所有的不良行为，最终导致了他们必将为自己不负责任的行为付出高昂的代价。这一部分人可以为个人谋取短期利益与暂时的福利，把属于自己的过失掩盖掉，把应该自己承担的责任转嫁给他人。但时间一长，不管是他们，而是其他的人都会发现，他们扼杀的是自己的才能，泯灭的是自己的创造力。所以，借口无异于是使自己的生命枯萎，将自己的希望断送，其一生只能做一个庸庸碌碌、无所作为的懦夫。

我们每个人都肩负着责任，因为存在这样或那样的责任，所以我们必须去行动。但是，借口却让我们忘却了责任。寻求借口的人经常做的事，就是将自己的责任推到别人身上，一旦他们这种行为养成了习惯，那么，他们的责任心也就烟消云散了。其实把话说开，对于遇事找借口的人，我们就只有这样的话去说了，那就是他们面对自己的工作，常常无力承担，也不会想去承担，他们往往是缺乏在工作中磨炼自己、提高自己的愿望，缺乏积极向上、艰苦奋斗的意志，缺乏面对困难挑战的勇气与承受挫折失败的心智。这些人渴望轻松享受，甚至期望能够不劳而获。也正是由于他们的这种想法，借口成为他们掩饰弱点、推卸责任的有效武器。利用借口，他们将本该自己去做的事情推向别人，在劳累别人、牺牲别人中放松自己、保全自己。这样的人，是愚蠢的人，同时也是聪明的人。

为什么说他们聪明呢？至少他们知道如何来保全自己。其实如果他们能把找借口的这种聪明才智放到工作上，我想这些人也不会比别人差，有的甚至会比其他人更好。可事与愿违的是，这些人，他们不明白在每一个工作，每一个困难背后都蕴涵着很多个人成长的机会。努力工作，克己尽职，工作本身自然会带给你无数无价的回报。譬如可以开阔自己的视野，发展自己的技能，拓展自己的领域，增强自己的判断力与决策力等。他们不理解，任何人的任何能力从来都不是先天给予的，而是在长期工作中积累和学习的。只有在工作中，人才能学会正确地了解自己，发现自己，使自己的潜力得到充分的展示。所以，这些依靠借口逃避工作的人，他们的一生已经注定是一个一事无成的人了。

贵州中天养殖基地的经理李尚雄这样说过："我最憎恨的是那种遇事找借口的人，因为找借口使他们丧失了自己对工作的希望与热情，剥夺了自己对目标的认识与坚持。在长期的借口当中削弱了自己处事的毅力与信念，压制了自己的积极性与创造力。面对工作的时候，他们不是调动全部的智慧才干投身其中，而是徘徊事外，不断权衡揣测可能产生的风险。他们害怕冒险，畏惧失败。处理事情，能拖就拖，能推就推，敷衍应付，不敢负责。久而久之，他们对自己越来越失去信心，原本自己可以干好的事情也变得难以胜任，一味地在借口中逃避工作，这种人不仅不能取得事业的成功，甚至连立身职场的资格都已经没有了。""我曾经对那些遇事找借口的人，进行过仔细的观察，我并不是没事找事做，我只是想认识清楚借口所带来的巨大危害。很长一段时间后，我清楚的认识到借口会使那些人的性格变得越来越胆怯懦弱，敏感多疑。他们无论做什么事情，都畏畏缩缩，毫无主张，绝少定夺。时时处处的无能为力经常使他们神经紧张，内心无助，惶惶不可终日。他们掌握不了事态的发展，把握不了自己的存在，笼罩他们的是难以摆脱的悲观厌世感，难以言说的莫名恐惧感。这样的人生，对他们来说，除了负担已没有丝毫乐趣。”

事实如此，可李尚雄没有能更清楚地认识到，在搜罗借口制造谎言的过程中，那些找借口的人们丢掉了诚实的美德。这是在他们内心一直存在的心病，我想只要一提起来，这些找借口的人也会脸上一红吧！由于长期找借口，所以会受到内心的谴责，又没有力量压制住这种谴责。借口，致使他们输掉的绝不仅仅是自己的职业，而是自己的全部。因为不诚实，所以他们不能够与人长久相处，不可能再赢得别人的信任。在欺骗中，他们的品性开始堕落，他们的人格走向猥琐。像这样的人，没有一家企业会重用他，就算在哪一家企业有这样的员工，他们也不会是一个称职的员工。

可见，哪里有借口，哪里就有过失。畏难情绪，悲观郁闷，回避问题，不愿承担风险，就没有竞争力。办事抓不住关键，缺乏责任心，造成低效合作、不可信任等消极影响。借口，绝不是一个可以忽略不计的小问题，而是侵蚀企业生命的毒素，是通向个人成功最大的绊脚石。

◆ 没有任何借口

不给自己寻找借口，是忠诚的表现之一。为什么这么说呢？原因很简单，忠诚的人知道自己的职责是什么，知道什么是尽职尽责，绝不会用借口为自己开脱。以上这三点就足以证明没有借口，是忠诚的表现之一。

那些对工作，对自己忠诚的人知道自己是组织的一分子，组织的命运与自己的命运休戚与共。因此，在他们心中，只有“我们”，没有“你”和“我”，也没有“应该”、“也许”或者这样那样的借口，有的只是军队般的回答“是”、“不是”、“行”、“不行”等等。他们不会用借口来把自己和组织区分开来。忠诚的人主动争取任务，并努力地去执行，他们从来不会说“这不是我的责任”、“这不是我的错”、“本来不会这样，可条件不具备”等。忠诚的人懂得立即行动，绝不会用借口来拖延，甚至试图改变组织的决定。

借口，是无处不在的，只要你有一丝的松懈，它就随之而来。在企业里，为自己的失误和失败寻找借口，是许多员工最容易犯也经常犯的一个错误。逃避责任是缺乏忠诚和敬业精神的人的一种强烈的本能。在面临“有利”和“不利”的情况下，他们选择“有利”时纯粹是从个人利益的角度去选择，甚至采取欺骗手段。

其实，这些找借口的人，他们本来的目的是想通过辩解来证明自己没有错，以求得上司或老板的谅解。可事实上，他们这样做不仅不能达到目的，反而破坏了自己在上司或老板心目中的形象，在老板心里留下了一个不敢面对现实，不敢坦白自己的失误，不敢承担责任的坏印象，你的辩解，可能逃避了一次失误的处罚，但你可能永远也得不到晋升和被重用的机会了。

想做一个成功者，那么你必须明白，不管是在什么地方，什么样的企业，任何一个老板要的不是借口，而是尽可能完美的工作成果。老板们没有哪一个会喜欢一个总为自己找借口的员工。

错了，就是错了，我们应该勇敢地去面对，不要害怕失败，不要害怕错误，成功就是在这样、那样的失败和错误中产生的。当我们认识到错误的时候为什么不去勇敢地面对自己的失败和不足呢？

李雄说过：“寻找借口的人生，是失败的人生。与其找一大堆借口，不如坦诚地剖析自己的失误，为下次工作总结出有用的经验。”这句话正好为我们解答以上的那个问题。

很多时候，我们会听到同事，或者朋友说些这样的话：“算了，太困难了，到时老板过问起来，我们就说条件太缺乏”，或者说“不去做了，到时对老板说人手不够”。这样的同事、这样的朋友多么令人失望啊，他们找借口不仅是逃避责任，更是对自己能力的践踏，对自己开拓精神的扼杀。找借口的人通常都是没有尝试，就已经放弃了。也正是由于这样，他们失去了重要的成长机会，因为只有在工作中、在尝试中，你才能学习更多的技能，积累更多的经验。

忠诚于企业的员工富有开拓和创新精神，他们不会在没有努力的情况下，就事先找好借口，而是会想尽一切办法完成公司交给的任务。条件不具备，他们会创造条件；人手不够，他们知道多做一些多付出一些精力和时间。忠诚的人不管被派到哪里，都不会无功而返。

找借口的人很多，我们往往在坐公交车、公园里散步、餐馆里吃饭或者和几位朋友一起聚会时都会听到这样的话："我真倒霉，我怎么没有这种好机会？如果我有这么好的机会，我也不会失败了……"其实，对于说这些话的人来说，他们的失败不是因为没有机会，而是因为他们自己没有去创造机会。所以我希望那些曾经找借口的人，不要再为自己找借口，因为机会是不容等待的。同时，机会也是你们自己创造出来的。

亚历山大大帝在某一次战役胜利后，继续向另一个城市的敌军发起进攻，这时有个将军问他：我们为什么不等待着机会来临，再去进攻另一个城市，而是现在去攻打呢？也许现在不一定是好时机。亚历山大大帝否定了他的看法，这就是亚历山大之所以伟大的原因。也正应验了一句话："惟有去创造机会的人，才有可能建立轰轰烈烈的丰功伟绩。如果一个人做一件事情，总要等待机会，那是非常危险的。一切努力和渴望，都可能因等待机会而付诸东流，而机会也许最终也不可得。"

有许多人肯定地说：一次好的机会是打开成功大门的钥匙，一旦有了机会，便能稳操胜券，走向成功。事实确实如此，无论做什么事情，机会一来，那么成功也就不远了，但是在我们得到了机会后，还要通过我们的不懈努力，这样才有成功的希望。

在我的家乡有一个叫刘吉刚的人，他的创业经历很具传奇性，同时他的成功也向人们证明：能够抓住机会的人最有可能成功。刘吉刚独具慧眼，每一个买卖、一笔交易、一项工作、一顿饭，他都是认真地去做并且从来不会轻易放过。

刘吉刚并没有太高的学历，他在高中二年级就休学离校了，为了生活他在几个旅行乐团里做过钢琴师，在一些小镇上做过小生意，也在一些饭店里做过服务员，他多次饱尝失败的滋味。他曾经办过一个养殖基地，但不幸的是也失败了，那次失败对于刘吉刚来说是很难接受的。在失败以后的一段时间里，他甚至连吃饭的钱都没有，更别说冬天买大衣、买外套了。但他还是站了起来，他并没有为他的失败找什么借口来掩盖他的过错。

经过几年的努力刘吉刚又开始做生意了，他做的是药品推销，同时还推销另外一种电子治疗器。

有一次，他送一台治疗器去一家小饭店。在那里，他被小饭店的生意给惊呆了，他敢肯定他从来没有见到过生意这么好的饭店，虽然这个饭店很小。怀着好奇心的他便问了饭店的老板，为什么不多开一些分店呢？可是老板的回答让他有些失望，老板对他说：“看到上面那幢房子了吗？那就是我家，我喜欢这儿。如果我开了分店，我就永远不会有空余时间回家了。”老板的回答让他感到吃惊，但也让刘吉刚看到了机会，在他的心里已经有了一个好的计划，他决定找这个老板商量让他加盟他们的饭店。经过他的请求，店主就答应给他在各地开分店的权利，条件是提取5%的利润。从此刘吉刚便放弃了他的销售工作，一心一意地开始了他的饭店经营。

一个月后，刘吉刚的第一家凉粉餐馆在城里开张了，同年，第二家也在另一个小城里开张了，经过几年的发展，他的分店开到了40多家，昭通市的大小县城、乡镇都有了他的分店。后来刘吉刚更是花了大价钱，把老店主的所有经商权买断了，他说：“老店主已经老了，他可以歇手了。但，我还年轻，我还不能抛锚，当你年轻的时候只要能奔，就得往前奔，一停手就会僵化。”

十多年过去了，刘吉刚把他的饭店做大了，同时他也是60多岁的人了，可是我们仍然能看见他年轻时的身影，他还是那样忙碌在自己的事业当中。他说过：“老店主把他的小店开了起来，并做出了如此的美食，可是他不能把它做大，如果他把他的所有力量都用到饭店的经营上，或者他的野心不止于养家糊口，那么，我现在的事业也不可能成功了。”

是啊，同样是经营一样的饭店，老店主没有把生意做大，仅仅停留在原来的经营规模和水平上。而刘吉刚却能发现他们的弱点，然后提出了开设分店的请求，并最终将小饭店做大做强。最为主要的原因就是老店主自己给自己找了借口，不想再辛苦下去，从而把本应该属于自己的东西让给了别人。

事实就是事实，如今的世界，并不是只存在借口的，做实事的人总是比找借口的人多得多，这并不是说，富人比穷人少，虽然有些人并没有找借口，但他们在其他方面也许还有不足的地方，所以导致了他们的不成功。

很多企业里，都会有业务人员被派往外地开拓新市场，如果都如卯木肇那样只找方法不找借口，又怎么能不取得成绩呢？失败的人之所以陷入失败，是因为他们太善于找出种种借口来原谅自己，也使别人原谅；平庸的人之所以沦为平庸，是因为他们太善于搬出种种理由来欺骗自己，也使别人受骗。而成功的人，事前头脑中只有“想尽一切办法”，事后头脑中只有“这是我的责任”或“这是我的错”！

◆ 拒绝任何借口

作为一名在职员工，我们无论从哪一方面来说，都要记住自己的责任，这是永恒不变的；同样的，无论你身在什么样的工作岗位，你也要对自己的工作负责。别总是想着找某些借口来为自己开脱或搪塞。在现实生活中，我们常常会听到这样一些借口：迟到了，大概会说“马路塞车”或“昨天……然后今天起晚了”；当拿着试卷回家后，父母看成绩不如意，会说“题目太偏”或“题量太大”，更有一些会说：“是你们没给我吃好，营养跟不上，我们老师说了，只有营养跟上了学习才能好。”这些借口都只是用来开脱自己的不足。而且借口是无所不在的，只要有心去找，总不会缺的就是借口。

从企业来说，一个不找借口的员工，肯定是一个执行力很强的员工。对于身在职场的我们来说，工作，就是一种职业使命，是不容我们去找任何借口来开脱或解说的，我们必须无条件地去执行。

在工作中，要完成高层交给我们的工作，就必须具有强有力的执行力，因为强有力的执行力是保证我们顺利完成工作的前提。我们接受任务就意味着做出了承诺，做出了承诺，就要无条件地去执行，这是不容改变的。

有这样一家效益相当好的公司，他们为了选拔高素质的营销人员，想出了各种各样的题目来考查这些应聘者，其中有一道试题是这样的：把录音机卖给一些残疾的聋人，限期一个星期。

对于这个试题，去应聘的很多人都感到不可思议，议论纷纷，聋人怎么会买录音机呢？更有人认为，这也许是公司不想录取我们故意出的难题吧！让我们把录音机卖给聋人有什么意义呢？

很多人当场就表示这样做无疑是浪费他们的时间，于是就退出了。也有一部分人坚持了几天，但他们最后还是离开了。最后，只有小刘、小王和小李坚持了下来，在他们是这样想的，既然想成为这家公司的员工，当然就要服从上司的安排，服从了就要去执行并且坚持下去，对于最后的结果如何这并不是最重要的。于是他们三个人分头出去执行任务。

转眼一星期到了。小刘卖出了3个录音机，小王卖出了5个，只有小李一个没有卖出去，虽然结果是这样的，但这家公司最后还是聘用了他们三个人。当上司问他们是如何去完成任务的。他们三个说的话差不多都是这样的：我只想成为这家公司的一员，当然要服从上司的安排，服从了就要去执行，只有想方设法把录音机卖出去。

现实生活中有哪一个老板不喜欢这样的员工呢？他们三个能被聘用也是理所当然的。

所有的老板都希望自己的企业能拥有更多的优秀员工，他们都希望自己的员工能不折不扣地完成任务。当老板布置工作时，这些员工能完美地执行，且不找任何借口，这就是老板眼中最为优秀的员工。

韩玫原来是一名普通的银行职员，后来到了一家服装公司。工作了几个月之后，她想试试是否有提升的机会，于是直接写信向老板毛遂自荐。而这位老板给她的答复是：“任命你负责监督服装出厂前的质检工作，但我们不会给你加薪。”

韩玫根本没有受过这方面的教育或者有这方面的经验。对于她来说，要如何去做这件工作、要从哪里开始、要怎样去做都是一窍不通的。但是，她不愿意放弃任何机会。于是她发挥自己的领导才能，自己花钱到一些做过而且有经验的老员工家里去学习，去取经。最终，她不但把工作做好了，并且比以前的那些老员工更有效率。结果，她不仅获得了提升，薪水也增加了很多。

后来这个老板找到了她，对她说："我知道你对于质检这方面完全不懂，我就是想看看你能不能去认真地把这件工作做好，只有你把这件工作做好了，你才能去胜任更高的职位，得到更高的薪水。如果当时你随便找一个理由推掉这项工作，我可能会让你走。因为我最不欣赏那些对于工作找任何借口的人！"

其实，在责任和借口之间，选择责任还是借口，都体现了一个人的生活和工作态度，是积极的还是消极的，同时也决定了一个人是成功者还是失败者。

李雄曾对我说过："任何借口都是推卸责任。我们在工作的过程中，总是会遇到困难，我们是知难而进还是为自己寻找逃避的借口？而且，在每一个借口的背后，都隐藏着丰富的潜台词，只是我们不好意思说，甚至根本就不愿说出来。借口让我们暂时逃避了困难和责任，获得了些许心理的安慰。可是，久而久之，就会形成这样一种局面：每个人都努力寻找借口来掩盖自己的过失，推卸自己本应承担的责任。"

工作中不少人一旦碰到问题，不是全力以赴去面对，而是千方百计地找出种种理由和借口来搪塞，逃脱责任。长此以往，因为有各种各样的借口可找，人就会疏于努力，不再想方设法争取成功，而把大量时间和精力放在如何寻找一个合适的借口上。

作为优秀的员工，是不会在工作中寻找任何借口的。作为一名优秀的员工，他们总是要把每一项工作尽力做到最好，他们的要求是：超出客户的预期，最大限度地满足客户提出的要求，而不是寻找各种借口推诿。为了成为老板眼中的优秀员工，他们总是出色地完成上级安排的任务，替上级解决问题，他们绝不找任何借口推托或延迟。

如果平时多观察你就会发现，当你或他们在说："时间不够"，"这太难了"，"我一个人做不了"等等这些话的时候，你们已经在为自己的工作找了借口，以这些理由来为自己推脱责任。

当面对困难、不利的情况时，就找借口来逃避，这是一种对工作不负责，一种懦弱、胆怯和无能的表现。找借口只说明了一个问题——你是个愚蠢胆怯的员工。不管任何时候，一个勇于担当而且善于用脑的员工不会被这样的客观理由所局限，他们会竭尽所能去改变条件。时间太短的话，他可以加快速度抓住问题的关键所在，绝不浪费时间在一些无谓的事情上；任务太难，他会尽量想办法找突破口，任何事情都会有解决的办法，只是看你能不能找到；一个人做不了的事，你们的上级也不会强人所难。所以当你面对这种情况的时候，你的理由只说明你不想承担责任。

美国的著名作家费拉尔·凯普在他所著的《没有任何借口》一书中讲了这样一个故事，说："西点军校的莱瑞·杜瑞松上校在第一次赴外地服役的时候，有一天连长派他到营部去，交代给他7件任务：要去见一些人，要请示上级一些事，还有些东西要申请，包括地图和醋酸盐（当时醋酸盐严重缺货）。杜瑞松下定决心把7件任务都完成，虽然他并没有把握要怎么去做。果然事情并不顺利，问题就出在醋酸盐上。他滔滔不绝地向负责补给的中士说明理由，希望他能从仅有的存货中拨出一点。杜瑞松一直缠着中士，到最后不知道是被杜瑞松说服了，相信醋酸盐确实有重要的用途，还是再没有其他办法能够摆脱杜瑞松了，中士终于给了他一些醋酸盐。

杜瑞松回去向连长复命的时候，连长并没有多说话，但是很显然他有些意外，因为要在短时间里完成7件任务确实非常不容易。或者换句话说，即使杜瑞松不能完成任务，也是可以找到借口的。但是杜瑞松根本就没有想到去找借口，他心里根本就没有推脱责任的念头。

上面的这个故事，给我们提供了一个正确做法的典范。不管是士兵，还是工作人员，要想做好一件事，其实并不难，难的是没有这种执行力，没有勇气和负起责任的心态。

一个人做不好一件事情，完不成一项任务，有成千上万条借口在那儿响应你、声援你、支持你，抱怨、推诿、迁怒、愤世嫉俗成了最好的解脱。借口就是一块敷衍别人、原谅自己的“挡箭牌”，就是一副掩饰弱点、推卸责任的“万能器”。有多少人把宝贵的时间和精力放在了如何寻找一个合适的借口上，而忘记了自己的职责和责任。当你打算要为自己寻找借口的时候，你不妨听听这个故事或者想想那些成功者，也许你能从中汲取到你所需要的精神营养和方法。

没有任何借口，没有任何抱怨，执行就是一切行动的准则。这是一句多么精典的话啊！我们看到过很多这样的事实：许多有目标、有理想的人，他们认真工作，他们努力奋斗，他们用心去想、去做……但是由于过程太过艰难，种种原因让他们越来越倦怠、泄气，终于半途而废。

这其中是什么原因去阻止了他们的成功呢？其实原因很简单，这些有目标、有理想的人，他们根本不知道，要想达到一个目标，必须摒弃任何借口。只有积极寻找解决问题的办法，才能完美地执行好任务。

拒绝借口，是责任和执行力的表现之一，责任和执行力准确地来说，就是不找任何借口，听起来，看起来好像有点冷漠，没有人情味，但它却可以激发一个人最大的潜能。无论你是谁，在职场上，在人生中，无需任何借口，失败了也罢，做错了也罢，再妙的借口对于事物本身也没有丝毫的用处。我们经过的许多失败，其最大的原因就是那些一直麻醉我们的借口在作祟。

有些员工怕做错事或者怕失败，一想到可能要对结果负责，他们就宁愿寻找借口选择放弃，也不愿意将工作进行到底。这就是没有自信的结果。

还有一些员工，当他们做错事情或者失败的时候，满脑子就想着如何隐瞒自己的错误和失败。因为他们害怕承认错误，害怕失败之后受到批评。这些实际上都是逃避责任的表现。其实错误和失败并不可怕，可怕的是没有勇气提高自己的能力去完成任务，不愿意去寻找方法解决困难，也不敢向上司承认自己的错误，并且保证以后不再犯同样的错误。如果你能以正确的态度对自己的工作负责，勇敢地承认自己的错误和失败，老板非但不会责骂你，他还会认为你仍然是个好职员。

其实，承认错误并改正错误就是承担责任。承认错误并不是什么丢脸的事，要不然业绩优异的公司怎么会鼓励这样的行为呢？因为这意味着你有勇气面对困难。金无足赤，人无完人。有时候老板也难免犯各种错误，所以，员工在工作中出现这样那样的不足，或者错误或者失败都不可怕，因为此时最重要的是，要能够不断学习别人的优点和长处，从失败中总结经验吸取教训，并及时改正自己的缺点和错误，树立正确的成功信念。错误承认得越及时，越能清晰地看到失败的真正原因，结果就越容易得到改正和补救。而且，由自己主动承担责任，也比别人提出批评后再承担责任，更能得到别人的谅解。何况一两次的错误和失败并不会导致你丢掉饭碗，除非这位老板蛮不讲理。英国诗人约翰·济慈曾写过："从一定意义上来说，失败是成功的高速路。"因为有责任心的员工对于所发现的每个错误都会热切地刨根问底，找出原因。而每一次新鲜的经历，即使含有这样或那样的错误，都会使之在以后的工作中更加小心地去避免重犯。因此真正蒙蔽你聪慧的双眼、阻碍你发展前途的障碍，不是曾经犯下的错误或者令人不爽的失败，而是不愿改正错误、不愿接受失败、不敢承担责任的态度。也许你今后将要面对更多、更大的挫折，如果连眼前的这点责任都不敢承担，那如何能够升任更高的职位，去担起将来更大的责任呢？

"前事不忘，后事之师"，你应该以错误和失败为鉴，从以往的经历中吸取教训，切勿重蹈覆辙。当你承担了一项非常艰巨的任务时，如果可以摆脱为自己寻找借口的想法，将时间用在怎样克服困难、努力解决问题、找寻新的方案上，将精力集中在借鉴错误和失败的经验上，你就可以保持较高的工作效率。也许你现在所遇到的困难和挫折只是工作中的尝试，可能以后还会遇到；我们曾在某事上失败过，是否还会再遇到相同的失败？倘若不能彻底地在一次失败中站起来，勇敢地承担起责任，认真地对付你的软弱，你还可能再一次犯相同的错误，而这一次说不定会给公司带来巨大的麻烦，使公司遭受重大的损失。

你在工作中，可能常常会因为身处逆境，为自己找寻各种各样的借口以求得平衡。不可否认，许多借口也是很有道理的，但是往往正是因为这些很“合理”的借口，使得你心理上的愧疚感减轻，吸取的教训就不那么深刻，争取成功的愿望就变得不那么强烈。反之，没有任何借口，你就没有了任何退路，没有了任何选择，只有义无返顾。这也就是西点军校让学生明白的：“无论你处于什么样的环境，你必须对你的一切负责。”也只有在这时，你内在的潜能才会最大限度发挥出来，你才会向人生的更高目标迈进。做一个对工作负责的人，你会发现成功近在咫尺。

“当你将所有的责任都扛在自己的肩膀上时，你将会惊讶地发现，你是世界上最轻松的人。”因为，一种对事业高度的责任感，会让你成为一个值得信赖的人，可以被委以重任的人，这种人永远不会失业。其实一个人能力的大小，知识只占20%，技能占40%，态度占40%，而一个人最重要的态度之一就是具有高度的责任感。只有具备高度的责任感，你才能成为老板心目中最优秀的员工。

寻找借口的实质，就是把属于自己的过失掩饰掉，把应该自己承担的责任转嫁给社会或他人。这样的人，在企业中不会成为称职的员工，更不是企业可以期待和信任的员工；在社会上也不是大家可信赖和尊重的人。不要让借口成为你成功路上的绊脚石，搬开那块绊脚石吧！把寻找借口的时间和精力用到努力工作中来，因为工作中没有借口，人生中没有借口，失败没有借口，成功也不属于那些寻找借口的人！

◆ 没有借口是成功的表现

找借口的习惯塑造了一批对自己的无助和受害者命运“坚信不移”的人。

在工作中难免会出现这样那样的问题，当出现特别难以解决的问题时，你可能会懊恼万分。这时候，有一个基本原则可用，这个原则就是永远不放弃，永远不为自己找借口。只要你坚持了这个原则，那你就可能成为更优秀的员工之一。因为没有借口，是更优秀的表现之一。

找借口的人，如果有人让他们承担责任，那么最好是那些容易控制的和比较简单的事情，比如接受命令、填充表格或者按照书本操作。

借口、悲观主义和无助感总是相伴而行的。找借口是一种症状，悲观和无助则是潜在的习惯和感觉。不管这些因素之间发生了怎样的关系，它们总是一起出现的。这些因素是我们个人责任感的敌人，也是成功的敌人。所以要想走向成功，要做的第一件事就是把这些因素排除在外。

对于优秀者来说，这些悲观、无助、恐惧都是一些虚妄的感觉。而那些找借口的人，有一部分恐惧的对象并不是工作中的困难木身，而是他们自己心里架构的悲剧，它像个鬼影，令他们忧虑，胆怯而却步。要想改变这种心态，可以用勤勉的努力去战胜它，以平静的心承担它。如果不能战胜这些因素，那么，我们最终会被自己编造出来的虚妄的感觉吓唬自己，困扰自己，折磨自己，终使我们一事无成。

勇敢往往与责任相关，高度的责任心产生高度的勇敢。要做一个优秀员工，就要做到勇敢和负责，勇于负责是你的天职。

勇于负责就要彻底摒弃借口，借口对我们有百害而无一利。

泥鳅是一种很有趣的小东西，也许你也经历过这种的事，那就是在水沟里抓泥鳅。当我们把泥鳅整个的抓在手里的时候，我们认为泥鳅已经没有办法逃跑了，可是出人意料的是，泥鳅会用尽全身的力，并在你不注意的时候从你的手里跑出来。虽然是一件很小的事，但却能反映出这样的一个道理：无论什么时候，我们都不要放弃，要坚持下去，不要想找一些借口来为自己开脱，也许你再一次努力会有所结果。

保持一颗积极、绝不轻易放弃的心，尽量发掘你周围人或事最好的一面，从中寻求正面的看法，让自己有前进的动力。即使最终失败了，也能汲取教训，把这次的失败视为朝向目标前进的踏脚石，而不要让借口成为你成功路上的绊脚石。

中天养殖基地的老总李尚雄说过："不要放弃，不要寻找任何借口为自己开脱。寻找解决问题的办法是最有效的工作原则。你我都曾经一再看到这类不幸的事实：很多有目标、有理想的人，他们工作，他们奋斗，他们用心去想、去做。但是由于过程太过艰难，他们越来越倦怠、泄气，终于半途而废。到后来他们会发现，如果他们能再坚持一下，如果他们能看得更远一点，他们就会终得正果。请记住：永远不要绝望！就是绝望了，也要再努力，从绝望中寻找希望。成为积极或消极的人在于你自己的抉择。没有人与生俱来就会表现出好的态度或不好的态度，是你自己决定要以何种态度看待环境和人生。”这是他在大会上给自己员工讲的话，他希望通过这样的话，使他所领导的企业里那些寻找借口的员工有所改变，也成为一个优秀的员工。

即使面临各种困境，你仍然可以选择用积极的态度去面对眼前的挫折。

我刚到北京不久，认识了一位朋友，他儿子的经历足以证明我们上面的这句话。

刘雷现在已经21岁了，年纪虽小但职位很高，他的学历并不是很高，只是一个大专文凭，可为什么他会有如此出色的业绩和成就呢？原因就在于，他从很小的时候就懂得了一个道理：面对困难，我们只能坚持做下去，不要去找任何借口来为自己解脱，也许阳光就在前面的不远处。

他的父亲讲述了刘雷小时的经历，14岁那年刘雷一家住在体育大学附近，他很喜欢武术，于是就在白石桥的紫竹院里给他找了一位老师，每天早上刘雷4点半就要骑自行车从体育大学跑到那儿练习武术，然后7点半再回到体育大学来上课。试想，如果刘雷没有那种坚持下去的精神，他会一练就是6年吗？而且这其中，他一句借口也没有，不管外面的风有多大，雨有多大，他还是会努力地坚持下去。

当一些人知道了他的经历后问他：是什么样的原因让你如此坚持。刘雷总是微笑着说：我想成为一位优秀者、成功者。所以我不能不这样，只有我现在学会了坚持，学会了不找任何借口，我才能在以后的生活当中如鱼得水。

后来刘雷进了一家公司，也是如此地坚持下去，对于上级交待的工作，每一件他都是认认真真越发仔细地去完成，从来没有任何借口，而且也不会听他说出："我想时间不够"，"或许，应该再给我多找几人"等等这些借口的托词。所以，刘雷成功了，一年后，他成功地升到了高层。

当你在为公司工作时，无论老板安排你在哪个位置上，都不要轻视自己的工作。那些在工作中推三阻四，老是埋怨环境，寻找各种借口为自己开脱的人，对这也不满意、那也不满意的人，往往是职场的被动者，他们即使工作一辈子也不会有出色的业绩。他们不知道用勤奋来对待工作，只是一味地找借口等待。

在公司里，任何一道工序都有存在的道理。上至老板的决策，下至清洁员的工作，都是必不可少的。如果你因为自己在底层打扫卫生而看不起自己，看不起自己的工作，由此找出种种借口懈怠工作，那么老板也必然会因此轻视你的德行和工作成绩。

◆ 自信的人从来没有借口

自信的人从来没有借口。一个人永远不会被他人所打败，打败他的只能是他自己。我们想要成就大事，就必须充分地相信自己。

只有坚强的自信，才能对自己所从事的事业充满力量。坚强的自信，便是伟大成功的源泉，不论才干大小，天资高低，成功都取决于坚定的自信力。相信能做成的事，一定能够成功。反之，不相信能做成的事，那就绝不会成功。

自信的员工也从来不会给自己找借口，他们知道，任何借口都是懦弱的表现。因为当一个员工不能完成任务，或者在工作中遇到暂时无法解决的困难时，他就会出于一种自我保护的本能，寻找各种各样的借口来给自己的心理些许安慰。

借口往往都是因为人们对自己能力的不自信而寻找出来的，仔细分析一下，现实当中所找的那些借口能站住脚吗？接受一件任务时，只要意识到要完成这项任务将非常艰巨——可能要收集许多自己不太熟悉的资料，要去很多陌生的地方调查相关情况，要花费很多的时间和精力仔细琢磨，甚至于说不定付出了这么多，到头来这项任务仍然不能在规定的期限、按照上司的要求圆满地完成，这个时候就会想到借口，然后想尽办法搬出各种各样的理由，如果在别人眼里这些借口足够充分，那么人们就会选择放弃这项任务。

泰盛德公司的总经理钱永臣说过："如果一个人工作中面对困难时，用采取努力行动的时间和想其他办法解决这些困难的时间去寻找失败的借口，那么你永远不会加入到成功者的行列中来。相反，如果那个员工是一个充满信心的员工，那么，他就会在接受任务时，对面临的困难和挑战充满自信，坚信无论如何自己一定可以成功。而且，在这个时候这些自信的员工就会认真地分析将要遇到的问题，仔细考虑应该采取什么样的行动来解决，他们会注意在时间和行为方式上下功夫、排除一切外来的干扰，将精力集中在工作上面，某些他们不能解决的困难，也会通过及时的学习来弥补能力上的缺陷，挑战并超越能力极限。这就是自信员工的优秀之处。"

我们慢慢体会钱永臣的这句话，可以感受得到，确实如此，当一个人全身心都在工作上面的时候，他根本没有多余的时间来考虑接受这个任务种种可怕的后果，或者是在遇到困难时的恐惧，也因为如此，所以他们并不会积极地为这些后果找借口。

既然人类有得到别人理解与帮助的共同需要，那么任何人都常常会收到来自别人的需求和希望。如果我们都能笑口常开地说"是"、"当然可以"，那自然是再好不过了。

可是，在现实生活中，不管是对同事、对业务对象，还是朋友、亲戚，谁也无法真正做到有求必应。这里有合理要求和非分要求之分，也有事情可行与不可行之别。于是，在回答对方要求时，总免不了有时要说出一个"不"字来。

这样一来，就使许多人犯难了：人际关系不是"是"与"不"两个字可以划分清楚的，尤其是现代社会，人际交往纵横交错，彼此相承，既要竞争，又要依存。一个"不"字说来轻巧，可在人情来往中就犹如一把无形的“刀”，举起来砍下去重若千斤。为官者怕失去民心，为民者怕得罪上司，亲戚间怕人说六亲不认，朋友间怕人说不够义气，从商者怕失去客户……

拒绝别人，说“不”简直成了世界上最让人为难的事，稍不注意，弄不好可能失去交情，引起反感，被人误会，甚至有自毁前程的危险。

但是，这个“不”字有时候是不得不说的，可拒绝他的要求并不是硬邦邦地一口回绝或不理睬别人，这是需要一定技巧的。既要做到能使对方接受你的意见，又不致伤害对方。这需要找一个借口拒绝别人，拒绝时，尽可能把“不”说得含糊一些，这样做既能让对方明白你的立场，也能充分保留对方的面子，避免对方心理上的挫折感。

这种方法是不直接运用语言明确地拒绝对方的要求，而是用模糊的答复使对方从中感受到你对他的请求不感兴趣，从而达到巧妙拒绝的效果。找借口拒绝别人可采取下列三种模糊方式。

1. 笼统式

以不具体、不清晰、语言含糊不清的答复来间接表达拒绝的意思。

比如，你可以对帮助弟弟推销家具的同事说：“这样的家具确实比较便宜，只是我也弄不清楚究竟怎样的家具更适合现代家庭，据说有些人对家具的要求是比较复杂的。我的信息也太缺乏了。”

在这种情况下，同事只好带着莫名其妙或似懂非懂的表情离去，因为他们听出了“不买”的意思，想要继续说服你什么“更适合现代的家庭”，却是个十分笼统而模糊的概念，这样，即使同事想组织“第二次进攻”，也因为找不到明确的目标而只好作罢。

2. 抽象式

把话题不断抽象化，便可以逃开对方的要求。

被巧妙地拒绝时，有一种形容，叫做“被迷迷糊糊地拒绝了”。意思是对方放了烟幕，你在尚未看清真相之前，已被那“烟”蒙骗过去了。

这种“抽象化”的烟，采用了模糊对方所求目标的方法。有时，如果说具体的话来拒绝会遭到对方的反感，这时可将话题不断抽象化，乍见似乎谈论的问题比正题还重要。其实，已把对方人诱距离正面主题颇为遥远的云雾之中了。

比如要拒绝婚事时，由于对方也相当认真，所以你一本正经地说理，问题就始终得不到解决。而且，要正面说出“不能和你结婚”，往往伤害别人，让对方在心理上难以接受。因此，把“A和B的婚事”这种具体的要求，故意提高到抽象的“一般的结婚”问题上去。

“被你求婚，我好高兴。不过我认为不可太沉溺于感情。”

“不，我很冷静。”

“我不是这个意思。我想好好和你谈一谈你我对结婚有什么样的看法？”

“很好呀！”

“结婚到底是怎么一回事呢？”

一旦把对方诱人抽象的水准中，以后就可将此水准不断提高。“对男女的结合来说，一夫一妻制是不是理想的形态”，“究竟男人和女人是什么呢？”

这样，把话题越扯越抽象，越扯越远，不知不觉中，对方就被你巧妙地拒绝了。

因为，话题的焦点，越是到了阶梯的上方，越是模糊，就成了烟幕了。

美国超级市场的客户埋怨处理部门使用的也是类似的方法。据说每当主妇们为了品质或价格问题前来埋怨时，工作人员就用一般人很难听得到的营业语言，非常细心地予以说明。用抽象的专门语言，不断爬上“抽象的阶梯”，让客户感到迷迷糊糊，结果觉得店方的主张没有错，而无法与你“辩驳”。

3. 两可式

即运用一些模棱两可的语言，对对方的要求似乎有肯定的因素却又仿佛有未能肯定的理由，让对方感到得到了某些方面、某种程度的理解，从而不容易引起对方的反感和愤怒。同时，让对方意识到他的要求并未得到你的许诺，从而达到含蓄拒绝的目的。

以下这位著名造船家对权威学术的婉转评价很值得借鉴：威廉二世设计了一艘军舰，他在设计书上写道：“这是我积多年研究，经过长期思考和精细工作的结果。”他请国际上著名的一位造船家对此设计作出鉴定。

过了几周，造船家送回其设计稿并写下了下述意见：

“陛下，您设计的这艘军舰是一艘威力无比、坚固异常和十分美丽的军舰，称得上空前绝后。它能开出前所未有的高速度，它的武器将是世界上最强的，它的桅杆将是世界上最高的，它的大炮射程也将是世上最远的。您设计的舰内设备，将使舰长到见习水手的全部人员都会感到舒适无比。你这艘辉煌的战舰，看来只有一个缺点：那就是只要它一下水，就会沉人海底，如同一只铅铸的鸭子一般。”

避开实际性的问题，故意用模糊两可的语言做出具有弹性的回答，既无懈可击，又达到在要害问题上拒绝答复的目的。

找借口拒绝对方，模糊一些，对方会心服口服；如果生硬地拒绝，对方则会产生不满，甚至仇恨、仇视你。把话说得委婉、模糊一些，能够使对方听出你拒绝的弦外之意，做到既不伤人，又达到了拒绝的目的，彼此还能和和气气，何乐而不为呢？

罗纳德·里根是美国第40任总统，他就是一个充满自信的人，在成为总统之前，他只是一个很普通的演员，但他立志要当总统，并相信自己一定可以成为总统。

从22岁到54岁，里根一直在文艺圈中，对于从政完全是陌生的，更没有什么政治经验可谈，政治可以说是个拦路虎。但当机会到来时，共和党内的保守派和一些富豪们竭力怂恿他竞选加州州长时，里根毅然决定放弃大半辈子赖以为生的演员职业，坚决地投入到从政生涯中。结果大家都清楚，里根成为美国第40任总统。

所以，有了自信就有了成功，有了自信所有的借口都失去了藏身的角落，换一句来说，自信的人从来没有借口，是因为他们不怕负责任，他们勇于承担责任，从不推脱责任。

一个人的成就，绝不会超出他自信所能达到的高度。如果拿破仑在率领军队越过阿尔卑斯山的时候，只是坐着说："前面是一座山，难以跨越的高山。"那么，军队就很难鼓起勇气前行。所以，无论做什么事，坚定不移的自信力，都是达到成功所必须的和最重要的因素。

现在，你明白了吗？只有拥有自信，对自己的一切行为负责，用信心去迎接竞争与挑战，才能更好地施展你的才华，使你成为一名优秀的员工。

第八章
成功需要合理的时间安排

时间是无价的，耽误人家的时间会引起他人的不快。如果你遇到的是不守时的合作者，那么你们的合作关系必定不会长久。走向成功需要对时间做合理的安排。

◆ 时间就是金钱

古话说得好："时间就是金钱，金钱就是时间。"时间是无价的，耽误人家的时间会引起他人的不快。如果你遇到的是不守时的合作者，那么你们的合作关系必定不会长久。

时间就是金钱，这是一句老生常谈的话。然而，生活中能够真正把时间视为金钱来对待的又有多少人呢?

一本医学杂志发表了一位著名学者的文章，他在文中说他多次对人脑进行脑功能的测试后发现，上午8时大脑具有严谨、周密的思考能力，下午2时思考能力最敏捷，而下午8时却是记忆力最强的时候。但逻辑推理能力在白天20小时内却是逐步减弱的。基于以上测试结果，早晨处理比较严谨、周密的工作，下午做那些需要快速完成的工作，晚上可做一些需要加深记忆的事，对于这些做某项工作效率最佳的时间，更要加倍"珍惜"，是一点也"耗费"不得的。

对于上面这个学者所做的测试，我特别重视。所以，作为一个成功者，或者是一个想有所成就的人，那么，你最好看看以上这位学者所说的。因为他能让你对你的时间做出一个很好的安排，什么时候该做什么事。如果你时间安排得科学合理，那么你的工作效率将大大提高。

现实生活中，很多人总是找这样那样的借口来混时间，拖延时间，任由低效率的工作一点点消磨时间而毫无所觉。有的人总认为时间还多，从来不去仔细计算一下自己在世的准确时日，也从不考察一下自己精力能够保持旺盛的精确时段。实际上，聪明的人总会珍惜每一寸光阴，恒毅的人则会像海绵一样从各种短暂的空闲中挤出时间从事自己的事业。这样的人会先于别人起步，而快别人半拍，从而比别人更容易把握机遇，在成功的路上离目标越来越近。

如果你总是为自己的行为辩解，对于已经发生的对时间不负责任的做法，你却信誓旦旦地表示有其发生的背景，那么，没有一位上司会对你有好印象。不管你是出于低效率的工作还是由于一些心理、性格上的原因导致了拖延、耽误，你只能去努力改变现状，而不应该寻找各种各样的借口为自己开脱。

我们每天都会有不一样的理想和决断，昨天会有昨天的事情，今天会有今天的事情，明天会有明天的事情。所以我们要珍惜时间，今日事今日做。明天事争取今日做，不要为自己去找任何借口，也不要把懒惰再一次拖延到明日，因为我们的明天还有更多的理想与更好的决断。

著名的管理学家柯维在纽约讲课的时候，曾问班上的学生，他们有没有去过附近的尼亚加拉瀑布。令人意外的是，摇头的居然占了相当高的比例。他们的道理很简单："因为近，心想反正什么时候去都成，所以一直拖下来。"

这就是"拖"的一种典型心理。拖时间的人，不一定是没有时间，反而是充裕的时间让自己的意识降低了要去办的事情的重要性。这正如拖欠债款的人，常在手头有钱时拖着不还，以为总会偶然碰到债主省得自己跑一趟，结果经常是在遇到债权人之前钱已经被再次花光。切斯特·菲尔德曾有一句话可以验证此观点："一项无可争议的真理，就是要做的事情越少，人们就越没有时间去做。他们打呵欠，一拖再拖。如果想做，其实早就做完了，但就是根本不做。有很多事要办的人却能抓紧时间，而且总能找到足够的时间来做事。"

拖延的习惯往往会妨碍人们做很多事情，因为拖延会摧毁人的创造力。有热忱的时候去做一件事，与在热忱消失后去做一件事，其中的难度相差是很大的。在我们的工作当中，放着今天的事情不做，非得留到以后去做，其实在这个拖延中所花费掉的时间和精力，足以把我们今天所要做的所有事情都做好了。

决断好了的事拖着不去做，还往往会对我们产生不良的影响。惟有按计划去做的人，才能增强自己的能力，才能得到他人的景仰，其实，我们每个人都能下决心做大事，但是只有少数人能够按计划去执行，也只有这少数人是最后的成功者。

把今日的事情拖到明天去做是很不合理的，如果你是一个有生意头脑的人，那么你应该会算这个账。有些事情在当初来做会感到快乐、有趣，如果拖延了几个星期或更长的时间去做，那时也许你会感觉到痛苦、困难。

你还会发现一些有趣的现象，爱迟到的人，似乎总是迟到：远程的约会，他要迟到；在他家旁边碰面，他还是会迟到；连你早早到他家，坐在客厅里等，他也会东磨西蹭，到头来还是无法准时出发。

这其中的原因在于这些时间的主人公无法准确地评估时间的价值，更别提去评估时间所带来的信誉了。

时间是无价的，所以管理好自己的时间，也是你成功的一个关键，一个人或团队能否在自己的事业生涯中取得成功，秘诀就在于能否搞好时间的管理。

有关时间信誉的真实故事不胜枚举。它能够考验出一个人，或一个团队的真正工作能力，以及他们对所干事业的忠诚度。在这个处处充满竞争的社会里，时间信誉已不仅仅局限于商业竞争这个范围。其实，一个人无论做什么事情，都应该讲时间信誉。

如果你做事总是以一种迟到或仓促者的身份出现，那么你就不会赢得别人的信任和幸运之神的垂爱。结果，只能把成功的时机轻易地葬送掉。

◆ 浪费时间就是浪费机会

时间管理是最近十分流行的话题，有一位作家，曾举过一个例子来说明时间的意义。

上帝在每天一大早都会去拜访刚起床的人，然后很公平地交给每个人5000元运用；到了晚上临睡时，他又会出现，要每人把剩余的钱还给他，只见有的人原封不动地交回了5000元；有的人剩下300元交回；还有的人两手一摊，说："花光了，还不够用呢！"

这个故事寓含的真正意义，是在于每个人每天使用时间的差以及用此引发的省思。有的人根本啥事也没做，所以一毛钱未花；有的人用一些，有的人则充分利用，还嫌上帝给的不够多。现代人的生活状况不正是如此吗？现代人总好像是很忙碌，打电话给他一定是左一句忙，右一句忙，但是，忙来忙去也不知忙些什么？反过来看，有些人随时都是一付从容不迫的模样，难道谁能肯定他不忙吗？未必吧！

一个真正懂得时间管理的人，应能依事情的轻重缓急来定时间的先后顺序，这样，当重要事件发生时，才能不慌不忙地一一处理。这样的人才叫懂得时间管理观念的人。

常在采访时发现，新人也好，旧人也好，每次约定了面谈时间，总会有人迟到，匆忙跑进来，然后道歉不已，这样没有时间观念的人，在先入为主的印象上已被扣了不少分。

因此要与人约会一定要比预定的时间更早一些出门，要把路上可能发生的事（如塞车、停车问题……）都包含在内了。

在采访一位商业人士时，他说出这样一段话："在车上时我都做什么？每遇红灯，我就会把当日报纸拿出来看看大标题、看重点，以便知道世界上发生了什么事。同时，我的耳朵也没闲着，平时我习惯一上车就开始放社会大学的录音带（自我充电）；但是，精神较紧张时，则会选听一些开发潜意识的音乐CD。就这样了吗？还不止，眼睛在顺便看街景时，偶然有什么感触、想法或创意时，一遇上红灯便会抽出名片或小记事本来写下心得。比起许多人塞车、等红灯时的心浮气躁，破口大骂，我的做法是不是比较具有创造性及建设性呢？"

所以，通过他的经历人们可以觉得，在市区开车就像练毛笔字，一方面可以修身养性，陶冶性情，一方面也等于在作人格的提升。

事实上，可运用时间的方法有很多，在此就提供几个较实用的观念、方法：

善用剩余时间：什么叫作剩余时间？就是所谓的"角落时间"，5分钟、10分钟、别小看它，积累起来也占了大半天呢！

譬如前几天去麦当劳用餐，用完餐后顺便上洗手间，发现麦当劳的女厕所好像因间数少，而一直那么挤。那天也不例外，女孩们又在厕所外大排长龙了。这时，突然看到一个也在排队的女孩，她正乘机和排在她前面的一个女孩作推销，不知道她的推销有没有成功，但是，利用剩余时间来创造一些价值，绝对是聪明的做法。

又如许多学生都会在等公共汽车或坐地铁时背英文单词，相比之下，他们可能比那些缴钱去补习班学一年英文的学生还要有效率得多，因为如果不懂得善用、拼凑这些"剩余时间"，就会发现，其实

“它们”真的很多也很有用！

也许有人会问：“我怎么知道一天的剩余时间有多少？”

这就牵涉到前面说的“做记录”了，如果你决定做时间的记录，很简单，从每天一大早起床开始，每15分钟便做一次记录，到了晚上临睡前，再把这张纸摊开来看。哇！好多空白，原来你花在发呆、作白日梦，不知所措上的时间那么多，甚至整个晚上只记了3个字：看电视。

这么清楚明白地作了记录后，剩余时间有多少不就一目了然了！

减少时间的浪费：如果要去玩，是走这条路好，还是走那条路？说不定还有更快的！做任何事时都先计划一下，无论是出去郊游还是逛商场购物，在一楼弄清楚要上几楼，否则乱走乱逛的，不知要浪费多少时间。

另外，做计划一定要有工具。最好随时携带笔记本，家里有日记本，办公室还有周记本、月记本甚至年度计划本。有人可能又要说了：“人生已经这么乏味了，如果做什么事都还要计划，岂不更无聊！”

可是大家知道吗？能规划的永远只是人生可以掌握的，可以想得到的一些事。人生还有太多始料未及的意外是完全无法掌控的——（那时就需要“危机管理”了！）

创造时间的使用价值：时间的使用价值，大多来自于个人的价值、判断与认知，重要的是要知道在轻重缓急间如何取舍。譬如家人和朋友孰重？私事和公事哪样得先处理？有了比较清楚明确的价值判定后，就不会有太多紧张、担心、犹豫不决，能放心大胆地去做该做的事。

而在决定时间的排序时，什么事紧急又重要，什么事重要却不紧急，什么事紧急却不重要，什么事不紧急又不重要的，概念理清，是应具备的基本能力，这样便不易慌乱。当然，最重要的是要知道生活上的目标，因为时间管理和自己的目标设定息息相关，必须知道自己有什么梦想、希望要实现？什么时候要达成？而在努力完成的过程中，时间的价值便创造出来了。

譬如有人曾说：“我好想休息啊！好想去度个假？”这个“休息”，就是时间的规划。因为现在已不是埋头苦干的时间了，该工作时工作，该休闲时就该好好地休闲，轻松一下，重点在于休息、休闲所创造出来的价值，对大家重不重要。

学习自我承诺：中国人较无时间观念。就以喜宴来说，常常红贴上明明印着6：30入席，但是，7点钟到还不算迟，直到7：30才开始正式入席；但日本人、德国人却是最讲究时间观念的民族，他们和德国好友约在中午见面聊天，结果他只迟了3分钟到达，只见那个德国朋友板着脸说：“对不起，我再不要和你做朋友了。”

有个在报社广告部做主管的人曾说了这样一个现象，他说中国人很奇怪，愈是亲近的家人、好友就愈不重视。有人正纳闷他何以有如此看法，他又说了：“你看，当你和老板，男、女朋友（刚交往的）或是有利害关系、业务往来的人约会时，你敢迟到？相反的，和自己的家人、好友约会时，迟到反而成了正常现象。因为你想：反正他们是自己人，等一下也没关系！”

的确，中国人这种欺负自己人的心态很要不得，毕竟准时是个诚信的态度，绝不能因人而有异。如果不想迟到，就不会迟到，也不会有任何理由来推托。

吉米：两个人之间的差别不是他们拥有多少时间，而是如何利用时间。大多数人的成就就是在别人浪费掉的时间里取得的。

要取得人生的成功，我们手中的时间其实是很少的。

◆ 切莫浪费任何一分钟

美国近代企业界里，与人接洽生意用最少时间产生最大效率的人，非金融大王摩根莫属。为了珍惜时间他招致了许多怨恨。一个活到7 2岁的美国人的时间菜单：

睡觉21年

工作14年

个人卫生7年

吃饭6年

旅行6年

排队5年

学习4年

开会3年

打电话2年

找东西1年

其他3年

摩根每天上午9点30分准时进入办公室，下午5点回家。有人对摩根的资本进行计算后说，他每分钟的收入是20美元，但摩根说不止这些。所以，除了与生意上有特别关系的人商谈外，他与人谈话绝不在5分钟以上。

通常，摩根总是在一间很大的办公室里，与许多员工一起工作，他不是一个人呆在房间里工作。摩根会随时指挥他手下的员工，按照他的计划去行事。只要你走进他那间大办公室，就会见到他，如果你没有重要的事情，他是绝对不会欢迎你的。

摩根能够轻易地判断出一个人来接洽的到底是什么事。当你对他说话时，一切转弯抹角的方法都会失去效力，他能够立刻判断出你的真实意图。这种卓越的判断力使摩根节省了许多宝贵的时间。有些人本来就没有什么重要事情需要接洽，只是想找个人来聊天，因此耗费了那些工作繁忙的人许多时间。摩根对这种人恨之入骨。

今天是短暂的，它只有24小时，或只有1440分钟，或只有86400秒。这当中，除了睡眠和吃饭，所剩下从事学习和工作的时间只是一个常数，你浪费一分钟，它就少一分钟；浪费一秒钟，它就少一秒钟。

如果在我们的工作中，我们能够把每一分钟都当成最后一分钟，那么我们就会更加珍惜每一分钟，我们的成功就会加快步伐。

一分钟可以有这些作用：一分钟可以用来鼓励一个人或使之气馁，一分钟足以让人重新选择生活；一分钟有时似乎无足轻重，但当我们向一位永远离去的朋友致敬时就会重视这一分钟；上班是否迟到取决于这一分钟时，我们就会珍惜这一分钟；我们也希望时间能多送一分钟给那些将离我们而去的人；在危急时刻，短短的一分钟里甚至可以拯救一条生命。一分钟似乎非常短暂，但有可能在我们的生活中留下深深的印痕。

浪费时间就是挥霍生命。正如摩根珍惜自己的时间一样，许多成功者都是这样，既不浪费自己的时间，也不会浪费他人的时间。浪费时间是生命中最大的错误，也是最具毁灭性的力量。大量的机遇就蕴含在点点滴滴的时间之中。浪费时间是幸福生活的扼杀者，是绝望生活的开始。实际上，明天的幸福就寄寓在我们今天点点滴滴的时间中。

一位作家在谈到“浪费生命”时说：“如果一个人不争分夺秒、惜时如金，那么他就没有奉行节俭的生活原则，也不会获得巨大的成功。而任何伟大的人都是争分夺秒、惜时如金的。”

小刘每天早晨与朋友一起上班，他的动作总是比朋友快，每天他都要在车里等朋友十多分钟。小刘是一个珍惜时间的人，当他发现每天都有这样一段时间可以利用时，他就放了一本英语书在车上，每天看几个单词，学几页英语。小刘的做法，在一段时间内，虽然看不出有多大收获，可是随着时间的增加，他的收获越来越明显。后来，小刘和朋友一起去报考英语考试，那时候他才发现原来每天十分钟的英语学习积累所带来的成效是巨大的。

数学家华罗庚说：“时间是由分秒积成的，善于利用零星时间的人，才会做出更大的成绩来。”

我们想想在吃饭之前的那一段时间和饭后的半小时，甚至是在洗脸间里和午饭休息时的时间！我们就会发现，如果我们能够利用好这些时间，我们就会获得很好的利益。所以我们要记住，在一天里能用来读书思考的机会多得很。充分利用这些时间，你就会发现，正如小刘所发现的那样，真正的收益来自对零星时间的利用。

其实，只有掌握时间、珍惜时间的人，生命才会在充实的时间中丰富。同时，生命也在节约中得到延长。

一个人如何利用自己的时间，决定了他们的成功时间有多长或多短。看看那些在时间面前的弱者吧，他们浪费了许多宝贵的时间，结果他们永远是一个弱者，这就像人们常说的“放弃时间的人，时间也同样放弃了他。”所以，我们要学会合理地利用时间，珍惜时间，我们不要浪费生命中的任何一分钟，我们只有努力提高时间的利用率，才能提高我们的生活质量。

切莫浪费任何一分钟，因为时间是生命所赖以生存的东西。如果一个人不知道争分夺秒、惜时如金，那么，他就没有奉行节俭的生活原则，也不会获得巨大的成功。

◆ 时间就是生命

威尔福莱特·康，前半生奋斗了40年，成为全世界织布业的巨头之一。尽管他事务十分忙碌，但他仍渴望有自己的兴趣爱好。他说：“过去我很想画画，但从未学过油画，我也不敢相信自己花了力气会有很大的收获。可我最后还是决定了，无论作多大牺牲，每天一定要抽出一小时来画画。”

威尔福莱特·康所牺牲的只能是睡眠了。为了保证这一小时不受干扰，惟一的办法是每天清晨5点前就起床，一直画到吃早饭。为此，他说道：“其实那并不算苦，一旦我决定每天在这一小时里学画，每天清晨这个时候，渴望和追求就会把我唤醒，怎么也不想再睡了。”

他把顶楼改为画室，几年来从不放过早晨的一小时。后来时间给他的报酬是惊人的。他的油画大量地在画展上出现了，他还举办了多次个人画展。其中有几百幅画被高价买走了。他把用这一小时作画所得的全部收入变为奖学金，专供那些搞艺术的优秀学生。他说：“捐赠这点钱算不了什么，只是我的一半收获。从画画中我获得了很多的愉快，这是另一半收获。”

一寸光阴一寸金，寸金难买寸光阴。我国伟大的文学家、思想家、革命家鲁迅说过：时间就是生命，无端地空耗别人的时间，其实无异于谋财害命。

时间虽然可以创造价值，创造金钱，但是时间却不能单纯地用金钱来衡量，因为人的生命从始至终，经历的每一个过程，都是无法返回的，时间每流逝一秒，生命也就流逝一秒。有人说相对于整个宇宙来说，时间是永恒不变的，可是相对于每个个体来说，我们无法实现永恒，而时间就是记录我们生命的整个过程，我们没有办法不去珍惜它，而且还要像珍惜生命一样去珍惜它。

有人算了这样一笔帐，一个活了72岁的人，睡觉20年，工作14年，吃饭6年，生病3年，读书3年，体育休闲8年，饶舌4年，打电话1年，等人3年，旅行5年，打扮5年。观察这组数据，会有这样一种感觉，一个72年的生命很简单，而时间的花费也很明了，你也能清楚地看到什么时间是你应该珍惜而没有珍惜的。

我有一个朋友，他曾经这样回忆过："小时候我很懒，看着别人每天都如此勤奋，我的心里很难受，我在心里一直想，我如何才能超过他们，成为一个勤奋向上的人呢？于是我想了很多办法但都没有什么效果。

有一次，我在书上看到这样一个小故事，说的和我差不多，但是故事中的主人公用一种写字贴纸的做法，让他从一个懒惰的人变成了一个勤奋的人，为此我也学着那个人做，我在房间的窗帘上、衣架上、柜橱上、床头上、镜子上、墙上……到处贴满了各色各样的小纸条。那些小纸条上面写满各种各样的文字：有美妙的词汇，有生动的比喻，有五花八门的资料。但是，里面最多的还是这些话：每天多干一点点，少做一点点是失败者共有的习惯；每天多思考一点点，多付出一点点是成功者共有的特质；成功与失败到底相差在那里？差的就是这一点点；珍惜每一天，每一分，每一秒；今日事今日毕……而且在我的头上还用大字写了这样的一段话：今天我要比昨天做更多的事，珍惜时间吧！就这样，我的坏毛病慢慢地改变了。一段时间后，我也习惯了这样的生活，同时也因为这样的生活让我走上了成功之路。”

有一些成功人士，因为工作很忙，用于接待客人的时间都要受到限制，谈话最多不会超过几分钟，对于这样的人来说，时间就是生命。如果有这样的人士和你有约定，如果你在应约的时间没有到，那么，你就失去这次交往的机会，也可能失去了以后和这个人交往的机会。因为，你在约定的时间内没有到达目的地。这时你应该告诉他，由于什么情况和什么原因造成的，以得到他的谅解。总之在交往中守时守诺是一个人品格和作风的一种体现。一个不守时的人给人留下的印象是不可靠的，凭借这一点，你就失去了与人建立交往的机会，或者失去洽谈生意的最佳机会。

一个人言而有信、守时守点是尊重他人的表现。

我们说上帝是公正的，给每个人的时间都是一样的，可是时间也是公正的，它不会因为你的懒惰、你的浪费而给你保留，它只会悄悄地来，悄悄地走，聪明的人就会把它抓住，利用它，让它给自己创造财富，创造未来，创造成功。

你热爱生命吗？如果是，就不应该浪费时间，因为时间是构成生命的材料。人的一生只是短短数十年，如果不懂得珍惜，浪费的就是你的生命。要知道任何一个伟大的人都是争分夺秒、惜时如金的人，这也是他们成功的秘诀。

◆ 珍惜时间才会有机会

工作是否快捷也能够看出一个人是否珍惜时间。一位意大利哲学家经常把时间称为自己的财富。这一财富如果不好好利用的话就不会生产出有价值的东西来，相反，如果这一财富被加以很好地利用的话，就一定能够给那些辛勤劳动的工作者带来回报。如果任由时间浪费的话，那么有害的杂草必然丛生，其他各种各样的不良后果也会随之而来。一份稳定的工作的一个作用就是能够让工作顺利进行，不受任何阻碍。因为，一个无所事事、游手好闲的人通常是邪恶的根源，而一个懒散的人就是邪恶的支持者。他们的思想就像租房一样，一旦想像的门打开了，诱惑就会无孔不入，邪恶也就成群结队地来了。一个无所事事的人的怨言和反叛心理会比任何人都要多。因此，当实在没有事情可以做的时候，老船长都会发布命令“去把锚冲洗干净”！

从事商业的人习惯于引用这句格言：时间就是金钱。但是这样还远远不够，更进一步的还有自学、自我提高以及自我完善。如果每天把浪费在一些琐碎的事情上的时间以及被荒废的每一个小时，都用来自学和自我提高的话，那么几年之后，一个无知的人就能够成为一个智者，辛勤工作的人就会获得更多的成就，他们会积累很多有价值的知识和经验。如果每天你都利用15分钟的时间学习、进行自我提高的话，那么一年之后你就会明显感受到效果。好的想法和精心积累的经验不会占用任何空间，但是它们会像你的亲密伙伴一样一直跟随着你，而且不需要开销，也不会成为累赘。合理使用时间是获得空闲时间的最佳方式，它能够使我们很好地完成工作，并且顺利进展下去，而不是被事情追着赶着。

另一方面，如果不能很好地计算、安排时间的话，我们就会始终处于一种忙碌、混乱和艰难的状态；生活就会变成仅仅是权宜之计的应付，这样通常就会导致灾难的降临。尼尔森曾经说过：“我一生中所有成功的原因就是因为我总能够比我的时间早安排那么一刻钟。”

有一个年轻人对人生困惑不已，他希望能当面请教美国著名的教育家本杰明，于是他给教育家打了个电话，说明了来意。教育家答应见他，和他另约了一个时间。

到了那天，年轻人如约而至。但到了门口时年轻人愣住了，只见本杰明家空门大开，客厅里一片狼籍，是不是走错了？正在这时教育家本杰明迎了出来，对他说：“很对不起，请你在门外等一分钟。”说完就把门关上了，一分钟以后门开了，本杰明把他请了进去，年轻人走进客厅又愣住了。只见客厅里一尘不染，茶儿上摆了两杯刚刚倒满的红酒。

这时教育家端起一杯红酒递给年轻人说：“我们俩把这杯酒干了，你就可以离开了。”年轻人又愣住了，对教育家说：“我们什么都没有谈呀？”教育家环顾四周对年轻人说：“可是你进来已有一分钟了。”“一分钟？一分钟？”年轻人突然醒悟了，激动地对教育家说：“非常感谢你让我懂得了一分钟能做多少事情，一分钟对我有多重要。”说完把酒一饮而尽，深深地给本杰明鞠了一躬，兴奋地离去了。

以后这个年轻人更加珍惜自己的时间，用于学习和开办自己的公司。当他和IBM公司合作成功后，他艰巨的工作才刚刚开始，因为时间紧迫，任务又紧，所以，他非常珍惜任何一分钟时间，因为他非常清楚，要付出精力，把握时间，抓住这次机会，就会把梦想变成现实。

有时为了工作他很长时间不能回家，只能给妈妈打电话时说："妈妈！我又有很长时间看不到您了。"

最终，他的付出也为他带来了最丰厚的回报，他就是世界首富比尔·盖茨。

时间不能像财富一样可以积累，可以储存，它是我们衡量生命长度的一个标准。所以，时间是用生命来衡量的，善于运用时间也就是把握生命；时间也是不能倒流的，它对每个人都很公平，但也是无情的，时光的流逝会让我们衰老，如果不珍惜时间，悄悄溜走的时光不仅带走我们的青春，也带走了本该属于自己的机会。机会不会花力气去等待那些浪费时间、偷懒的人。懒惰的人总是觉得自己没有机会，抱怨自己没时间，即使是千载难逢的机遇也会错过；勤奋的人总是在不懈地努力，从小事中寻找机会，将平凡变成奇迹。

优秀共青团员张海迪，在不长的时间里就掌握了日语、英语等几门外语，完成了《海边诊所》的翻译。一个身体的三分之二都失去知觉的高位截瘫患者，为何能释放出如此巨大的能量？焕发出如此夺目的异彩？原因之一是由于她抓紧了分分秒秒的宝贵时光，抓住了任何可以让自己成长的机会。

当然了，机会在人的一生中不会频频地出现，关键是要学会寻找并抓住它，不要让它在你的粗心大意或不经意间溜掉。机不可失，时不再来，一点不留意，就会稍纵即逝。所以，行动起来吧！不要等待机会，要创造机会，就像弗格森用一串串的珠子计算天上的星星为自己创造机会，就像乔治·史蒂芬森在粘满污垢的煤矿马车旁用粉笔来计算数学定律一样创造机会。

生活在大都市的人每天都很忙碌，但是，忙来忙去也不知忙些什么。反过来看，有些人随时都是一副从容不迫的模样，难道谁能肯定他不忙吗？一位成功学大师说过："我能成为人人尊敬的演讲大师，我能在年轻的时候成为富翁，我周游世界，我享受你享受不到的生活，因为我从一开始就从不拖延做每件事！我相信我做的是正确的，思考之后我迅速行动，我知道我的时间有限。"这位大师之所以这样说，是因为他知道面对自己，知道自己的时间是有限的。因为有了紧迫感，所以知道珍惜时间。

任何好机会都不会在那些不愿意接待他们的人身边停留，假如你想让自己活的更真实，更充实，就一定要让自己学会接待时间这位客人。

时间是无价的，所以珍惜生命中的任何一分钟，是你成功的一个关键。任何一个人或团队能否在自己的事业生涯中取得成功，秘诀就在于能否珍惜生命中的每一分钟。

◆ 把握今天，创造未来

依文斯生长在一个贫苦的家庭，最先靠卖报赚钱，后来在一家杂货店当店员。

8年之后，他才鼓起勇气开始自己的事业。然而，厄运降临了，他为一个朋友做担保，承担着朋友欠下的一笔巨额欠款，可是朋友破产了。刚刚解决完朋友的欠款后，他所存款的大银行垮了，他不但损失了所有的钱，还负债近两万美元。

他经受不住这样的打击，绝望极了，并开始生起奇怪的病来：有一天，他走在路上忽然昏倒在路边，以后就再也不能走路了。最后医生告诉他，他的生命只有2个星期的时间了。

想着只有十几天好活了。他突然感觉到生命是那么的宝贵。于是，他放松了下来，好好把握自己的每一天。

奇迹出现了。2个星期后依文斯并没有死，6个星期以后，他又能回去工作了。经过这场生死的考验，他明白了自寻烦恼是无济于事的，对一个人来说最重要的就是要把握住现在。他以前一年曾赚过20000美元，可是现在能找到一个礼拜30美元的工作，就已经很高兴了。正是有这种心态，依文斯的进展非常快。

不到几年，他已是依文斯工业公司的董事长了，而且在美国华尔街的股票市场交易所，依文斯工业公司是一家保持了长久生命力的公司，正是因为学会了只生活在今天的道理，依文斯取得了人生的胜利。所以，只有好好地把握今天，才能创造美好的明天。

确实，成功者都知道“今天”意味着什么。俄国作家赫尔岑认为：时间中没有“过去”和“将来”，只有“今天”才是现实存在的时间，才是实实在在的，才是最有价值和最需要人们利用的时间。

昨天属于过去，明天尚未到来，在过去与未来之间，只有今天才属于我们，我们只有好好地把握今天，我们才能充分占有和利用好每一个今天，才能挣脱昨天的痛苦和失败，才能创造美好的明天。

事实上，我所所拥有的生命，只是我们活着的一个过程，在这个过程中，就看我们如何去谱写每一天、每一年的人生日历。有的人，在这个过程中，他们的日历给人留下的是一片空白，只是成为记忆中的永恒，一去不再回头。有的人，他的日历则充满宏伟。所以说，生命不会给我们任何承诺，而是看我们如何过好生命中的每一天，如何牢牢把握住我们所拥有的时间。

总是会有人说，还有明天。可是，明天还有明天的事要做。对于那些珍惜时间的人而言，今天才是最珍贵的，今天的成就就是明天更好的开始。没有今天，明天就会一无所有。所以，他们会抓住今天的时光，为自己积累财富，那些总想着还有明天的人，永远都不会有成就。

如果你希望自己成为一名卓有成就的人，那么，你必须从今天开始做起，也惟有从今天开始做起！切勿依赖明天，你才有可能成为一个成功者。

如果我们做事总是想着明天来做，那么，我们将会任何事都做不好，因为明天我们又有明天的事要做。同样地，如果你计划一切从明天开始，你也不会走向成功，你也只不过是一个空想家而已，你永远不会付诸行动，这样地看待时间，明天只不过是你愚弄自己的借口罢了。

著名作家玛丽亚·埃奇沃斯对于“从今天做起”而不是“从明天开始”的重要性有着深刻的见解。她在自己的作品中写道：“如果不趁着一股新鲜劲儿，今天就执行自己的想法，那么，明天也不可能有机会将它们付诸实践；它们或者在你的忙忙碌碌中消散、消失和消亡，或者陷入和迷失在好逸恶劳的泥沼之中。”

很多时候，我们总是在自欺欺人，我们总是在虚荣中过着日子，我们总是在幻想中生活。我们总是在想，只要我能耐心等，美好的未来便会自然而然地出现。其实，这只不过是你在自我安慰而已，你这个画饼充饥的愿望，永远填不饱饥饿的肚子，我们就会永远生活在失败之中。

如果我们想成功，我们就要有目的地改变自己，只有这样，我们才能为了成功而采取有目的的行动，我们才能紧紧地把握今天，为我们的成功谱写更加华丽的诗篇。

在我们的生活中，时间对我们非常重要，而更重要的则是现在！它之所以重要，是因为它是我们惟一有所作为的时间。也只有“今天”才是现实存在的时间，才是实实在在的，是最有价值和最需要人们利用的时间。

◆ 今日事，今日毕

深秋到了，有一座寺院，寺院里有个小和尚，每天早上负责清扫寺院里的落叶。

早上扫落叶是一件费力的苦差事，特别是在秋季。秋风瑟瑟，树叶总是随风飘荡，每天早上都要花费许多时间才能清扫完树叶，到了中午和下午的时候，又落得满地都是，有时也免不了师兄师弟的责怪：你怎么打扫的寺院。为此，小和尚头痛不已。他很想找一个好办法让自己轻松些。

有个和尚给他出主意说：“你在明天打扫之前先用力摇树，把树叶统统摇下来，以后不就可以不用扫落叶了吗？”小和尚一想，觉得这是一个好办法，于是隔天他起了个大早，使劲地摇树，他以为这样就可以把今天和明天的落叶一次扫干净了。一整天小和尚都过得非常开心。

可是到了第二天，小和尚到院子里一看，他又傻眼了：和往日一样，院子里依旧是满地落叶。

这时，一位长老走了过来，对他说：“傻孩子，无论你今天怎么用力，明天的落叶还是会落下来。”

经过长老的开导，小和尚终于明白了：世上有很多事是无法提前的，惟有认真地活在现在，才是最真实的人生态度。

今日事，今日毕，争取今日做明日事。这是成功者充分利用时间的最好写照。不要去等待明天工作，这样的危害最大，要深深记住今日是行动者最好的利器。

现实社会中，很多人都怀有这样或那样的想法，他们在想，总有一天我会成功；总有一天，我会得到我想得到的；总有一天，我会按照自己想的生活方式来生活。不过，这只是他们的幻想。

如果你真的希望如此，真的希望自己能够成为一名行动者，那么，你必须从今天开始做起，也惟有从今天开始做起！切勿依赖明天，你才能走向成功，达成梦想。

我的初中老师说过这样一段话："今天的事，如果你不趁着兴趣去把它做完，去执行它，那么，明天就会有更多的事等着你付诸实施。这样你就会陷入并迷失在明天的泥沼之中。"由此，我们可以看出"从今天做起"而不是"从明天开始"的重要性。

"你热爱生命吗？那么，别浪费时间，因为时间是组成生命的材料。"

如果想成功，必须重视时间的价值。拿破仑·希尔指出："利用好时间是非常重要的，一天的时间如果不好好规划一下，就会白白浪费掉，就会消失得无影无踪，我们就会一无所成。"

我问过长青文化有限公司的李宇晨，他是如何走向成功的，他是这样回答的："关键在于抛开自己的懒惰，去做自己应该做的事，很多人都有很多好的想法，但是只有很少人会即刻着手去做。不是明天，也不是后天，而是今天。真正的成功者他们永远是一位今日事、今日毕的行动者，而不是那些空想者。"

作为一个成功者，必定是一个对时间做出很好安排的人，在他的心里始终有着这样的想法：时间就是金钱，时间就是生命，如果我现在不珍惜，也许明天将不会再出现。

如果你做事总是以一种迟到或仓促者的身份出现，那么，你就不会赢得别人的信任和幸运之神的垂爱。结果，只能把成功的时机轻易地葬送掉。所以，去尝试吧！尝试着今日事今日毕，争取今日还做明日事吧！

“今日复今日，今日何其少，今日又不为，此事何时了？人生百年几今日，今日不为真不妙，若言姑待明朝至，明朝又有明朝事。”每日有每日的事，我们要减轻因积累拖延导致的堕落与颓废的恶劣心态，就要做到今日事，今日毕。

◆ 珍惜每一分每一秒

成功不是靠一步登天的，而是靠一步一个脚印走出来的，是成功者经过多年的积累和行动所换来的，这些成功者无一不是珍惜时间的人，他们珍惜每一天，每一分，每一秒。

虽然有很多人都会这样，但是这些成功者们却是在这样的情况下依然是坚持着每天多做一点，多付出一点，所以他们比别人更早地成功了。

每个人的时间都是既定的，至于你能做多少事，做好多少事，全在于你办事的效率。如果你每次都是“一把一利索”，那么你会干很多事；如果你老是办错事，那么你的时间就不值钱。所以，你就要对时间作出合理安排，即：

[1]不要沉湎于过去；

[2]制定先后顺序；

[3]写出你的目标；

[4]制作一份可行的待办计划表并身体力行；

[5]多用脑就可以少用脚。

我有一个朋友，他曾经这样回忆过：“小的时候我很懒，看着别人每天都如此勤奋，我的心里很难受，在我心里一直想着，我如何才能超过他们，成为一个勤奋向上的人呢？于是我想了很多办法但都没有什么效果，有一次，我在书上看到这样的一个小故事，说的和我差不多，但是故事中的主人公用一种写字贴纸的做法，让他从一个懒惰的人变成了一个勤奋的人，为此我也学着那个人做了，我在房间的窗帘上、衣架上、柜橱上、床头上、镜子上、墙上……到处贴满了各色各样的小纸条。这些小纸条上面写满各种各样的文字：有美妙的词汇，有生动的比喻，有五花八门的资料。但是，里面最多的还是这些话：每天多干一点点、少做一点点是失败者共有的习惯；每天多帮一点点，多付出一点点是成功者共有的特质。成功与失败到底差在那里？差的就是这一点点；珍惜每一天，每一分，每一秒；今日事今日做……而且在我的头上还用大字写了这样的一段话：今天我要比昨天做更多的事，珍惜时间吧！就这样，我的坏毛病慢慢地改变了，一段时间后，我也习惯了这样的生活，同时也因为这样的生活让我走上了成功之路。”

是啊，纵观历史，一切有成就的人，无一不是善于挤时间的能手。我有一位朋友，有一次我们在一起吃饭，当他谈到“浪费生命”时说：“如果一个人不知道争分夺秒、惜时如金，那么他就没有奉行节俭的生活原则，也不会获得巨大的成功。纵观历史，任何伟大的人都是争分夺秒、惜时如金的人。”

确实如此，浪费时间是生命中最大的错误，也最具毁灭性的力量。大量的机遇就蕴含在点点滴滴的时间之中。但是他们还在一味的浪费时间，成功的人都知道浪费时间能毁灭一个人的希望和雄心，同时浪费时间既是绝望的开始，也是幸福生活的扼杀者。

所以，我们人人都须懂得时间的宝贵，当你踏入社会开始工作的时候，一定是浑身充满干劲的。你应该把这干劲全部用在事业上，无论你从事什么职业，你都要努力工作、刻苦经营。如果能一直坚持这样做，那么这种习惯一定会给你带来丰硕的成果。

巴尔扎克说："写作是一种累人的战斗，就好像向堡垒冲击的士兵，精神一刻也不能放松。"一些传记家介绍说："每三天他的墨水瓶必得重新装墨水一次，并且得用掉十个笔头。"

这又是多么的不可思议！和巴尔扎克一样珍惜时间，牛顿、居里夫人、爱因斯坦、爱迪生等都是一些连坐车、散步、等人、理发时间都用于思考问题的挤时间的专家。

有许多成功者，他们总是在别人还没起床时就先起来；别人休息时他们还在工作；别人走了1公里路时，他们已经走了2公里路；别人读1本书时，他们总是比别人多读1本；别人每天工作8个小时，他们就比别人多工作几个小时。威尔福莱特·康，前半生奋斗了40年，成了全世界织布业的巨头之一。尽管事务十分忙碌，他仍渴望有自己的兴趣爱好。他说："过去我很想画画，但从未学过油画，我也不敢相信自己花了力气会有很大的收获。可我最后还是决定了，无论作多大牺牲，每天一定要抽出一小时来画画。"

威尔福莱特·康所牺牲的只能是睡眠了。为了保证这一小时不受干扰，惟一的办法是每天清晨5点前就起床，一直画到吃早饭。他说："其实那并不算苦。一旦我决定每天在这一小时里学画，每天清晨这个时候，渴望和追求就会把我唤醒，怎么也不想再睡了。"

他把顶楼改为画室，几年来从不放过早晨的这一小时。后来时间给他的报酬是惊人的。他的油画大量地在画展上出现了，他还举办了多次个人画展。其中有几百幅画以高价被买走了。他把用这一小时作画所得的全部收入变为奖学金，专供给那些搞艺术的优秀学生。他说："捐赠这点钱算不了什么，只是我的一半收获。从画画中我获得了很大的愉快，这是另一半收获。"

从上面的几个小例子给我们带来了很大的启发，同时也说明了，在当今这个生活节奏紧凑的年代里，人们似乎每天都没有充裕的时间去做完想做的事，所以许多念头就此打消了。但世界上仍有许多人用坚定的意志，坚持每天至少挤出一小时的时间，来发展自己的个人爱好，往往是越忙碌的人，他越能挤出这一小时来。

时间有独特之处，它有时过得慢一些，有时过得快一些，有时它停了下来，呆住不动了。有的时候，特别敏锐地感到时间的步伐，这时，时间飞驰而去，快得只来得及让人惊呼一声，连回顾一下都来不及。而有时，时间却踯躅不前，慢得像粘住了一样，简直叫人难受。它突然拉长了，几分钟的时间拉成一条望不到头的线。各行各业的成功者，正是知道时间的这种特性，不断充实时间的容量，就像盖楼房一样，本来只有几十平方米的地基，盖起楼房却可以占据几百、几千、甚至几万平方米的空间。

◆ 时间无价

鲁迅说："节约时间，也就是使一个人的有限的生命更加有效，而也就等于延长我们的生命。"

张其金曾经说过："做任何事情的标准，就是零缺点、零故障，这是成功者的要求，也是成功者的想法。"

贝尔在研制电话时，另一个叫格雷的人也在试图改进他的装置。两个人同时取得了突破。但贝尔在专利局赢了——他比格雷早两个小时申请了专利。

贝尔因这至关重要的120分钟而一举成名，而格雷却抱憾终生。

提高效率等于延长一个人的生命。效率也是检验一个人专业化程度和熟练程度的重要标准。

美国的管理大师杜拉克说："不能管理时间，便什么也不能管理，时间是世界上最短缺的资源，也是最无价的资源，如果你想成功，除了严加管理，不然就会一事无成。"

那么我们怎样去管理我们的时间呢？其实管理时间是最难的，也是最简单的，最难是执行难，是去做难。简单是因为，我们每天只要用那么一点点时间对今天、明天所要做的事做一个记录，做一个计划便可以了。

这是一个很有趣的小故事，但从这个小故事里，让我们看到作为一个成功者，是怎样珍惜时间的。

一位客人在富兰克林报社前面的商店里，犹豫了将近一个小时，这位男人终于开口问店员了：“这本书多少钱？”

“1美元。”店员回答。

“1美元？”这人又问，“你能不能少要点？”

“它的价格就是1美元。”没有别的回答。这位顾客又看了一会儿，然后问：“富兰克林先生在吗？”

“在，”店员回答，“他在印刷室忙着呢。”

“那好，我要见见他。”这个人坚持一定要见富兰克林，于是，富兰克林就被叫了出来。

这个人问：“富兰克林先生，这本书你能出的最低价格是多少？”

“1.25美元。”富兰克林不假思索地回答。

“1.25美元？你的店员刚才还说1美元1本呢！”

“这没错，”富兰克林说，“但是，我情愿倒给你1美元也不愿意离开我的工作。”

这位顾客惊异了。他心想，算了，结束这场自己引起的谈判吧，他说：“好，这样，你说这本书是最少要多少钱吧。”

“1.5美元。”

“又变成1.5美元？你刚才不还说1.25美元吗？”

“对。”富兰克林冷冷地说，“我现在能出的最好价钱就是1.5美元。”这人默默地把钱放到柜台上，拿起书出去了。为什么会这样呢？原因是这个人认识到了一个重要的观点，那就是对于有志者来说，时间就是金钱。

事实表明，成功与失败的界线在于怎样分配时间，怎样安排时间。不要认为一小时或一天的时间并没有太大的作用，这样的想法是错误的，我们应该珍惜生命中的任何一秒钟。

拿破仑·希尔曾经说过“盗贼利用时间，谋士创造时间。有效率的成功人士既是谋士又是盗贼，他们能从无关紧要的事或消闲活动中窃取时间，创造精彩人生。”

你在工作时，别人也在工作，在这段时间，人们很难拉开差距。但在闲暇时间——这段时间往往是我们工作时间的几倍，有人专注于一件事情，有人在尽情享受生活，也有人同时关注几件事情，长此以往，人与人的差距就拉开了。

司马光的枕头是用圆木做的，他看书时就枕着圆木睡觉，只要一翻身，枕木就会滚走，人就会惊醒，他用这种方式挤时间刻苦读书，并用19年时间写出了300多万字的《资治通鉴》。

大部分的人却总是在抱怨他们的时间不够多，事情做不完。

对每个成功的人来说，时间管理是很重要的一环。时间是最重要的资产，每一分每一秒逝去之后再也不会回头，问题是如何有效地利用你的时间呢？

研究时间管理之道，首先必须知道，一个小时没有60分钟。事实上，一个小时内只有利用到的那几分钟而已。

大家一天要浪费几个小时呢？如果真想知道，不妨来做一个实验。首先，找一份带记事本的日历，把一天工作的8小时分成3个时段，然后再把每个小时划成60分钟的小格。在这整个星期里面，随时把所做的事情记录在划分的表格中，连续做一个星期试试看，再回头来检查一下记事历，就会发现，由于拖延和管理不良，浪费了多少宝贵的光阴。

当人们了解到是如何在使用时间之后，再回头重做一次实验。这一次多用点心来计划时间，把需要做及想要做的事仔细安排进你的时间表，再看效率是否会好一点。

时间无限，生命有限。在有限的生命里把时间拉长的人就拥有了更多做事情的本钱。

◆ 今日事今日做

今日事今日做，争取今日做明日事。这是成功者充分利用时间的最好写照。不要去等待明天工作，这样的危害最大，要深深记住今日是行动者最好的利器。

昨天是一张作废的支票；明天是一张期票；而今天是你唯一拥有的现金——所以应当聪明地把握。

节省时间等于延长生命。抛弃时间的人，时间也抛弃他。在这方面，拿破仑·希尔为我们指出了别浪费时间的具体做法：

[1]不值得做的，千万别做；

[2]不要轻言放弃；

[3]适时知难而退；

[4]适时见好就收；；

[5]果断决策；

[6]不要时断时续；

[7]不要一个人包打天下；

[8]不要拖拖拉拉；

[9]避免懒惰；

[10]分清轻重缓急；

[11]节省找东西的时间。

现实社会中，很多人都怀有这样那样的想法，他们在想，总有一天我会成功；总有一天，我会得到我想得到的；总有一天我会按照自己想的生活方式来生活。但这只是他们的幻想。

如果你真的希望如此，真的希望自己能够成为一名行动者，那么，你必须从今天开始做起，也惟有从今天开始做起！切勿依赖明天，你才能走向成功，达成梦想。

大部分人都是把问题留到明天，只要有了这样的想法，那么，明天就是你的失败之日。同样，如果你计划一切从明天开始，你也将失去成为行动者的所有机会。因为明天只是你自己为自己找的借口罢了。

我的初中老师说过这样一段话："今天的事，如果你不趁着兴趣去把它做完，去执行它，那么，明天就会有更多的事等着你付诸实施。这样你就会陷入并迷失在明天的泥沼之中。"由此，我们可以看出"从今天做起"而不是"从明天开始"的重要性。

"你热爱生命吗？那么别浪费时间，因为时间是组成生命的材料。"

"记住，时间就是金钱。假如说，一个每天能挣10个先令的人，玩了半天，或躺在沙发上消磨了半天，他以为他在娱乐上仅仅花了6个便士而已。不对！他还失掉了他本可以获得的5个先令。……记住，金钱就其本性来说，并不是不能升值的。钱能生钱，而且它的子孙还会有更多的子孙……谁杀死一头生仔的猪，那就是消灭了它的一切后裔，以及它的子孙万代，如果谁毁掉了5先令的钱，那就是毁掉了它所能产生的一切，也就是说，毁掉了一座英镑之山。"

上面是本明杰·富兰克林的一段名言。它通俗而又直接地阐释了这样一个道理：如果想成功，必须重视时间的价值。拿破仑·希尔指出："利用好时间是非常重要的，一天的时间如果不好好规划一下，就会白白浪费掉，就会消失得无影无踪，我们就会一无所成。"

我问过长青文化有限责任公司的李宇晨，他是如何走向成功之道的问题，他是这样回答的："关键在于抛开自己的懒惰，去做自己应该做的事，很多人都有很多好的想法，但是只有很少的人会即刻着手去做。不是明天，也不是后天，而是今天。真正的成功者他们永远是一位今日事、今日做的行动者，而不是那些空想者。"

作为一个成功者，必定是一个对时间做出很好安排的人，在他的心里始终有着这样的想法，时间就是金钱，时间就是生命，如果我现在不珍惜，也许明天将不会再出现。如果你做事总是以一种迟到或仓促者的身份出现，那么你就不会赢得别人的信任和幸运之神的垂爱。结果，只能把成功的时机轻易地葬送掉。所以，去尝试吧，尝试着去学会今日事今日做，争取今日还做明日事吧！

第九章
工作的态度

放弃了自己对社会的责任，就意味着放弃了自身对这个社会更好的生存机会。这句话，让我们认识到勇于承担自己责任的重要性，在这个分工合作的社会，我们都要坚守自己的责任。对于一名员工来说，坚守自己的责任，并不是把自己本身的工作做好就可以了，还需要以良好的心态来对待工作。

◆ 良好心态的能量

有一只兔子，天天都在担心，它害怕被猎人抓走，害怕被其他强大动物吃了，恐惧就像石头一样压在它的心里。

一次，许多兔子聚在一起，这些兔子都在谈论为什么它们都这么胆小，都在为自己的胆小而难过，它们悲叹自己的生活充满了危险和恐惧。就这样，一群兔子越谈越伤心，它们对自己未来的生活失去了信心，总觉得在未来的生活中会有许多不幸发生在自己身上。就这样，这群兔子身上所有的悲观和消极情绪无止境地涌了出来。如：它们没有老虎般的勇气；大象般的力气；狼一般的牙齿等等。每天只能生活在恐惧和害怕中，就连想要抛弃一切大睡一觉的权力都没有，害怕在睡着的时候失去它们的生命。

这些兔子都感觉自己的生活已经没有意义了，这种生活也成为它们厌恶做兔子的根源。后来，这些兔子产生了一种想法：与其一生心惊胆战地度过，还不如一死了之来得快活。

就这样，一大群兔子向山崖走去。当它们准备跳崖结束生命时，一群青蛙也从山崖边上的湖岸上跳进了湖里。青蛙跳进湖里的事，兔子常常会看到。但是，有一只兔子特别注意到了这种情况，看到这种情景的兔子突然明白了什么，它想了一会儿，在第一只兔子准备跳下山崖时，它叫了起来："快停下来，我们不用去寻死了，因为还有比我们更加胆小的动物呢！你们快看那些青蛙，当它们看到我们的时候，不也是往湖里跳吗？”

经过这只兔子一说，所有兔子的心情都好了起来，因为它们也看到了那些跳入水中的青蛙。一时之间，它们身上涌出了一种很强大的勇气，把所有的消极心理剔除，于是它们快乐地回去了。

这群兔子也明白了，天下间没有什么比失去积极心态更加重要的事了。

关键时候心态的力量往往决定了生与死，在人的本性中，有一种倾向：当我们相信自己能做成任何一件事时，我们就能完成任何一件事；当我们从心里怀疑自己时，我们将一事无成。

积极的人生态度总是充满自信的，即使在遭遇令人特别沮丧的事时，也会把这些事当作生活当中的一种小插曲，或者是一件无关仅要的小事。

每一个心态积极的人都会存在消极的一面，但是，他们懂得让自己不会被消极情绪影响，当他们遇到消极情绪时，他们会选择让自己不沉于其中。拥有积极心态的人都能快乐地生活，即使在面对困难和挫折时，他们仍然如此。那些拥有积极心态的人，会以快乐和创造性的态度走出困境迎向快乐和幸福。

积极的心态还有一种力量，能使一个胆小怕事的人变成一个英雄，把一个心志柔弱者变为一个意志坚定的强者。

在生活当中，我们看待任何一件事，都应该考虑好的一面和坏的一面，不应该过多地强调坏的一面，只有强调好的一面，才会产生良好的愿望与结果。

心里的一念之差会使一个能够成功的人变得一事无成，遇事不战而败。心态的不同导致了人生的不同，每一个失败者遇到困难和挫折时，往往会选择逃避，结果陷入了失败的陷阱。相反，那些成功者们遇到困难和挫折时，他们会迎难而上，保持积极的心态，用我能够成功、会有办法渡过这些难关等积极的信念来鼓励自己，然后不断前进，不断创造去打败困难和挫折。

有位伟人说了这样一段话："最常见的，同时也是代价最高昂的一个错误，是认为成功有赖于天生的能力或者是世间所存在的某种魔力，某些我们不具备的东西。"有些人喜欢说，他们所处于的现况是非人为因素造成的，认为自己根本改变不了，是属于天意。就和我们所说的兔子故事一样，兔子认为胆小是天生的，是因为它们身边强大的动物实在太多了，使它们无法去改变。可是，当它们发现有比自己还胆小的动物时，而且那种动物还能安然自在地生活着，它们也就平衡了，也就改变了它们的心态。所以，我们应该知道，如何看待人生，是由我们自己的心态决定的。

只有对自己充满信心和自信的人；只有敢于挑战困难面对挫折的人，才能正视自己，用自己的能力和努力去获得骄人的成绩。

◆ 心态决定成败

拉迪是一个很平凡的人，在他27岁的时候，他做了一个很大胆的决定，他要放弃自己薪水优厚的工作，把自己所有的财产都捐给别人，带上一套干净的换洗衣服，从自己的家乡通过行走、搭便车穿越美国，走到号称“恐怖角”的地方。

拉迪在心里决定了他此行的目的地，位于美国东海岸北卡罗纳州的恐怖角——这是拉迪和女友分手之后做的一个决定。

在拉迪动身前的一天晚上，他忽然哭了，因为他在心里问自己，如果有一个人忽然说：“你今天将会死去，你会后悔吗？”对于这个问题拉迪非常肯定，他的答案是：一定会后悔。心里想，虽然自己有一份很好的工作，月薪上万元，也有一位美丽的女友，亲人也非常地爱他。但是，他觉得自己从来没有做过一件让自己兴奋的事，他活了27年，在这27年中他的人生从来没有达到高峰或谷底。为此他哭了，他哭的很伤心。

这也是拉迪选择去北卡罗纳州恐怖角的最大原因，他希望通过这次远行能使自己达到高峰，更能解开他心灵恐惧的心理。

他在远行前，给家里所有人都写了一封信，在信中他对自己这20多年来的感受做了一个完全的认识，他写道：我从小时候就怕陌生人、邮差、天上飞的小鸟，动物园里的所有动物；在夜里我害怕打雷；晚上我害怕忽然间停电；我也害怕一个人孤独的时候；每当我做一件事的时候，我害怕做不好，我害怕失败。所以，我希望通过这次远行，能改变这些害怕心理，能让我勇敢起来。

准备好的拉迪上路了，在踏出家门时，他收到了母亲给他的信，信中是这样写的：拉迪，我的孩子，在这条路上，你将面对许多困难和挫折，还会被人欺负，会在夜里害怕，但是我相信你一定能克服这些困难，安全地归来。

拉迪没有让人失望，他成功了，历经4000多英里的路，他到达了目的地恐怖角。这一路上，他没有接受过一分钱的馈赠，只接受他人送予的食物。夜间，他会想办法找到一个住的地方，在野外时，他会合衣睡在睡袋里，就这样，他到了恐怖角。

拉迪到了恐怖角，但是恐怖角并不是别人所说的那样恐怖。拉迪经过这次远行也明白了：恐怖角的名字就像生在心里的恐惧一样，只有勇气才能战胜这一切。他也知道，恐惧是因为失去了对自己的信心。拉迪不害怕死亡，而是恐惧生命，害怕失去对自己的信心。

我们是否能最终走向成功，关键在于我们是否具备了良好的心态。成功者与失败者之间的差别就在于：成功者拥有积极的心态，失败者拥有消极的心态。

如果我们拥有了成功的心态，我们就会拥有积极的人生，我们就会用积极的思考、乐观的精神和辉煌的经验来控制自己的人生。看看哪些失败者吧！他们的失败就是因为他们拥有了失败的人生，他们长时间生活在空虚、悲观、失望之中，他们无力面对生活，所以迎接他们的只是失败。

富克兰林在很小的时候，是个非常胆小的男孩，在他的脸上常常显露着一种惊恐的表情，当他面对一些大人物或者大事时，他会心跳加快，呼吸就像喘气一样；上课时，老师让他回答问题，他会吱吱唔唔什么话也说不出来，总是低着头不敢面对老师和同学。但是，富克兰林学会了用积极的心态来激发自己奋发上向、乐观进取。

富克兰林凭着积极的心态和奋发的精神，终于成为一位最得人心的美国总统。在他晚年时，他少年时的缺陷已经被世人忘记了，人们记在心里的只有富克兰林那充满自信的表情。

一个人的成功与失败在于他的一念之间，当你认为自己是一个非常优秀的人时，你的精神状态就一定是积极乐观的，你的言行举止也必然是积极向上的。如果你每天都是一副失落的表情，那么，你给他人和自己带来的将是一种失败的表情。

当你以某种心态和言行影响着周围的人时，他们也以同样的方式回应你。乐观的心境和快乐的心情，会从根本上改变你对事物的看法，并通过行为表现出来，最终支配着你的日常生活。

这个世界其实就是一个人内心的反映，如果情绪低落，愁容满面，反映出来的将会是失望和无助；如果心态平和，笑着面对生活，那么，反映出来的将是美好的回忆和幸福的生活。

生活中有许多恐惧和担心是由我们内心所想象出来的，在很多时候，我们会害怕自己没有能力做好一件事，是因为我们没有勇气去尝试，因为我们失去了信心。相反，只要我们拥有良好的心态，那么成功者将会是我们。

◆ 保持一种泰然自若的心态

陈东几年前是一个球队的队员，现在已经是队长了。

几年前，当陈东知道自己入选省足球队时，他竟然紧张得几天睡不着觉，他在床上想：我是一个新手，我进入这个球队会受到那些老队员的嘲笑吗？我与他们的技术相差太远了，教练会不会把我开除，如果真的把我开除了，我应该如何去面对家人、朋友；即使那些老队员愿意与我踢球，他们会不会在心里想，用他们那绝妙的球技来反衬我这种新人的愚笨呢！如果他们在球场上把我当一个笨蛋一样地戏弄，我该怎么做？

这种心理，让陈东几天几夜都不能入睡，这种前所未有的怀疑和恐惧使陈东的心理压力越来越大，他的自信心也越来越差。怀疑和恐惧使陈东这个佼佼者，从忧虑和自卑的思想里，变成了一个落后者，使他情愿沉浸于希望，也不愿真正迈入他所羡慕的球队去实现自己的梦想。

当陈东在家人的陪同下到了球队时，他心里的紧张和恐惧心更加强烈了。当陈东站在训练场时，他已经不能正常行动了，以前的水平一点都发挥不出来，和一个新手差不多。

在对练比赛上，陈东怀着极强的恐惧心理上了赛场，上场后，教练让陈东做主力，然而紧张的陈东半天都没有回过神来，他的双脚已经不听从他的使唤了，当球传到他脚下时，他想到的只是老队员的拳和脚，就这样陈东在场上如临大敌。

教练看到了陈东的表现，也知道每一个新队员都有这样的经历，所以对陈东的表现很谅解，中场的时候，教练找到了陈东，并对陈东说了一些话，当陈东再次上场时，陈东已经不是上半场的陈东了。当他迈开双脚时，就不顾一切地在场上跑了起来，渐渐地，他忘记了自己跟谁在踢球，忘记了自己所在的地方，融入了这个场景里，把所有的技术都展现了出来。这次训练比赛结束的时候，陈东已经把先前的恐惧心理完全排除了。

陈东也深深地记住了教练对他说的话："其实队里的老队员，根本不可能使你感到恐惧，他们没有一个人会轻视你，而且他们对每一个新队员都很友好。你心里的恐惧和害怕都是你自信心所影响的。你产生紧张和自卑，是因为你把自己看得太重，只顾虑别人会如何看待你，而且还是以极苛刻的标准为衡量的尺度。在这种情况下你怎能不自卑和恐惧呢？如果你的自信心再强一些，就不会受到这种精神挫折了。许多新队员刚来时，都和你差不多，也有一部分队员，他们拥有很好的心态，很强的自信心。我希望你把这儿当作自己的家，也希望你能相信自己，相信你比任何人都强，同时我也相信我的眼光。"

陈东记住了教练的话，也使自己变得自信了。多年后陈东面对那些新队员时，也会把老教练的话，对他们说一次。

时光荏苒，人生短暂。如果我们要过好生活的每一天，我们就要使自己拥有一份不卑不亢、宠辱不惊的平常心态。无论我们身在何处，我们都活得自由自在，即使是在我们遇见大款、高官名人，我们也不会低三下四地对其点头哈腰，我们只要礼貌性地与他们点头微笑，我们就会活得有尊严；即使我们身份卑微时，也不必愁眉苦脸，我们也要快乐地生活，去野外，去海滩尽情地享受阳光；即使没有北大和清华等名校的学历，我们也不要埋怨自己，我们也要保持积极进取的心态。所以说，我们活着，就要有尊严地活着，我们用不着羡慕别人的生活状态，我们只要开心快乐，我们就是愉快的，我们就会尽自己所能去选择自己的人生目标，我们就会勇敢地面对人生的各种挑战。只要我们能够做到这点，我们就无愧于社会，无愧于自己，无愧于他人，我们的生活就会是另外一番景象，我们的心就会像阳光一样灿烂，像鲜花一样骄艳。

保持一颗平常心，是一门生活艺术，更是一种处世智慧。人生在世，生活中有褒有贬，有光有暗，有荣有辱，这是人生的寻常际遇，不足为奇。古往今来万千事实证明，那些事业有所成就的人无不具有“荣辱不惊”这种极宝贵的品格。荣也自然，辱也自在，一往直前，否极泰来。

我们生活在天地间，总会有这样或那样的事情发生，当然，面对各种事情的发生，有些人能泰然处之，保持开朗和热情，愉快地生活。有些人则会对突然而来的事不知所措，甚至一蹶不振，从此浑浑噩噩。为什么我们的生活环境相同，会发生两种不同的景象呢？主要原因在于我们能否保持一颗平常心，能否冷静地面对所发生的一切。

一些古今中外的伟人，他们遇事不慌，沉着冷静，正确判断所处局势，及时应变，取得了令人瞩目的成就。一般来说，人们只要不处在激怒或疯狂的状态下，都能够保持自制并做出正确的决定。健康正常的情绪，不仅可以给生活带来幸福稳定和畅快，还能在大难临头的时候，帮助你逢凶化吉，转危为安。

保持平常心绝不是安于现状。人类的伟大在于永不休止的渴望和追求，历史的嬗变在于千百万创造历史的人们永无休止地劳作。生命是一个过程，而生活是一条小舟。当我们驾着生活的小舟在生命这条河中款款漂流时，我们的生命乐趣，既来自于与惊涛骇浪的奋勇搏击，也来自于对细波微澜的默默深思；既来自对伟岸高山的深深敬仰，也来自于对草地低谷的切切爱怜。所以我们平常的生命、平常的生活一经升华，就会变得不那么平常起来。因为，生命和生活是美丽的，这种美丽，恰恰蛰伏于最容易被我们忽略的平常之中。没有把平常日子过好的人，体味不到人生的幸福；没有珍惜平常的人，不会创造出惊天动地的伟业，因为平常包容着一切，孕育着一切，一切都蕴含在平常之中。

保持平常心是人生的一种境界，平常心不是平庸，它是源于对现实清醒的认识，是来自灵魂深处的表白。人生在世，不一定要权倾四方和威风八面，最舒心的享受不一定是物欲的满足，而是性情的恬淡和安然。

在生活中我们要明白，只要有人的地方就会有烦恼，所以我们不能为一些小事而烦恼，即使我们身处逆境，也要从容面对，不要自暴自弃，我们要学会从哪儿跌倒就从哪爬起。只要我们做到了这一点，我们也就拥有了一颗平常心，毕竟这种心态是人生的美丽，他能使我们学会许多为人处事之道，而这种处事方法就是人们常说的“非淡泊无以明志，非宁静无以致远。”故此，我们在生活中要学会不做作、不虚假、洒脱适意、襟怀豁然，这样做的话，平常心不仅给了我们一双潇洒和洞穿世事的眼睛，还使我们拥有一个充实的人生。

当你对任何一个场景感到自卑或恐惧时，你要使自己自信起来，通过专注于你的事业，忘掉自我。保持一种泰然自若的心态，是克服紧张情绪，战胜自卑心理的法宝。

◆ 优秀业绩从好心态开始

陆天是一个事业有成的人，他小时候家里非常穷，小学毕业后到了一家茶铺里打工，在打工的时候，他就想今后也要拥有一家比现在更大的茶铺。为了梦想，他在工作时一直都细心观察老板的经营方法，学习老板的经验。几年后，陆天刚好18岁，那时陆天已经独自开了一家茶铺，刚开张时很困难，因为生意并不是他想象的那么好，但是陆天没有悲观，他想过很多方法来赢取顾客，他给顾客送帖子，举办品茶大会等等活动。最后，陆天成功了，他的茶铺已经跻身到了大规模茶铺的行列。

陆天的成功完全归功于他良好积极的心态。因为他的良好心态，所以树立了他人生的信念。当一个人有了信念时，就能很好地完成自己的工作，并且觉得在工作中很顺利，而且非常的快乐，完成一件工作以后，信念就会更加坚定，而心态也会随着信念的坚定越来越积极。

所有的成功都源于积极的心态。如果你想获得良好的业绩，那么，你一开始就要认识你自己的心态，看看是否是积极的。

任何一个人都可以决定自己的心态。每一个人的心理、思想、感情、精神都是由心态创造出来的。生活中的那些强者，那些成功者和那些优秀的人，他们的成就都是由良好的心态而产生的。

历史上第一位黑人州长是罗杰·罗尔斯，这位黑人州长出生在纽约臭名远扬的大沙头贫民窟。很久以来，只要是出生在这儿的孩子，长大后很少有人获得大的成就，就算一个很体面的工作都无法找到。

可是罗杰·罗尔斯是许多孩子当中的例外，罗杰不仅考入了大学，而且成为了历史上第一个黑人州长。在一次记者招待会上，罗尔斯对自己的奋斗史只字不提，对于别人问他成功的经历，也只是说了一个人名字——皮尔·保罗。

对于这个陌生的名字，很多人都不明白，但是有一位记者知道，罗杰所说的名字正是他小学的老师，也是他所在学校的校长。

那一年，皮尔被聘为诺必塔小学的校长。当他走进那所小学时，他发现这儿的孩子都很迷惘，每个孩子都有一种消极的情绪藏在心里，而且大部分孩子都非常顽皮。罗杰在学校里是非常出名的一个小孩子，因为罗杰比其他孩子更加顽皮。

有一次，罗杰在皮尔面前用双手搞一些小动作，皮尔没有生气，只是对罗杰说："我一看到你修长的手指，就知道你将来会当上州长。"罗杰听到皮尔的话非常吃惊，因为长这么大，只有他的奶奶对他说过一句令他非常振奋的话，说他长大后，可以做一名非常出色的船长，拥有一艘5吨重的船只。

皮尔说他可以当上州长，这句话，深深地记在了罗杰的心里，并且深信皮尔说的这句话。因为他知道，皮尔不会骗他。此后，罗杰一直都在为成为州长努力奋斗，他开始慢慢地改变自己，把从前的恶习完全改掉。后来，罗杰经过40年的奋斗，实现了他的愿望，当上了州长。

罗杰为他的成功这样说："在这个世界上，信念这种东西任何人都可以免费获取，所有成功者最初都是从一个小小的信念开始的。”

成功者都拥有积极的心态，所以那些想获取成功的人也应该具备积极的心态，积极心态具有惊人的力量：它能给你带来财富，给你带来快乐和使你的人生充满辉煌。

所以，一个人的心态是他获取成功的开始。

现实社会中的那些成功者，他们都是从一个小小的信念开始的。积极的信念只要行成了，就会成为伴随你一生的动力，永远让你向前奋进。

◆ 把握心灵的方向

清朝有一位叫吴棠的人在江苏做知县，一天有人来报，说吴棠的一位世交过世，送丧的船就停泊在城外的运河上。吴棠派差役送去100两银子，并约明日闲暇时再去吊唁。

差役送完银子回来，描述送银子时的情形，与吴棠的世交不相符，细问才知道送错了对象。吴棠为此很生气，立刻命令差役追回这100两银子。

吴棠身边的师爷思考了一下，就提醒吴棠，说送出去的礼再要回来，于知县情面有碍，不如做个顺水人情。吴棠想想也对，第二日还专门去船上吊唁。

原来，错送100两银子的船上也是一家送丧的，而且是两位满洲姐妹，因为家道中落，人情冷漠，才害得两个妇女亲自护柩北上。一路上孤苦伶仃，从没有人上船问寒问暖，没想到在这里遇到了父亲的故友旧交。

吴棠也不说破，在船上吊唁一番，又与两姐妹叙谈，殷殷关切之后，便起轿回衙了。

不曾想山不转水转，多年之后，两姐妹中的姐姐成了慈禧太后，并且垂帘听政，成了中国的最高统治者。

慈禧太后没有忘记当年的吴知县，在朝堂中多有垂询，大臣聪明，就找机会上折请奖吴棠。吴棠官职一升再升，要不是自身才学平庸，太后巴不得把他提为一省的封疆大吏。吴棠最后做了巡抚，显赫一时。

100两银子，当时清政府官员薪水低廉，朝中一品大员年薪也不足一百两，更何况区区一位知县。假如吴棠听到把银子送错之后，以后悔的心态来处理这件事情，逼着差役去船上把银子索回，差役到姐妹的船上又以残酷、冷漠的心态，粗暴、野蛮的行为对姐妹二人进行恐吓甚至打骂，肯定能把银子要回来。但是吴棠最终的命运就是另一回事了。

假如吴棠以“我凭什么要送给她？”的心态思考处理此事，结果有两种可能：第一种遭人笑话，面子无存，还有暴露财产来源不明之嫌；第二种就是遭到姐妹的嫉恨。以慈禧的性格，不把他抄家问斩才怪呢？这样，他的命运走向就会因此向下，直至丢官丧命，殃及全家。

如果一个人总是以名、利、得、失来看人待事，那么，就觉得自己身边无比黑暗，脚下无路，危机四伏，自己很难被别人接受与认可，做事处处失败，人生因此陷入恶性循环当中，失败也是必然的。

良好心态就是有一颗平常心，在做事时应该波澜不惊，荣、辱、成、败时不张狂与自责，更不迁怒于人。中国自古讲究“胜不骄，败不馁”。从笑对成败到荣辱不惊，这是一个人修心到达的高境界，是任何时候都应该具备的。没有好的心态，就不会有一个好的起点。在这个世界上，成功卓越者少，失败平庸者多。成功卓越者活得潇洒自在；失败平庸者过得空虚猥琐，这样人与人心理就会产生失衡，随之就会有嫉妒和仇恨，也造成了社会的不和谐。

失败者改变心态观念的问题，不仅是个人思想道德的水准问题，也是一个社会问题。一个人遇到困难和挫折，他们只是挑选容易的倒退之路：逃避或者发泄，会产生“我不干了，我还是退缩吧”；“你不仁我不义”等等的思想，结果都会陷入失败的深渊。成功者遇到困难，怀着挑战的意识，用“我忍！我再忍！”，“一定有办法”，“说不定还是好事”等积极的意念鼓励和安慰自己，便能想尽办法，不断前进，直至成功。

成功人士能从平和的心态中获得更多的信心。积极行动的积累，可以造就伟大的成功；消极言行的累积，足以让人万劫不复。

成功最大的敌人就是自己得失时的消极心态。这种心态常常把我们吓倒。要想活得洒脱，必须牢固树立积极成功的心态，彻底清除消极失败的心态。

由于受环境的影响，人会出现积极的和消极的两种心态，这样对不同的人就会产生不同的作用。在这个作用过程中，如果是一个积极的人，他的心态就会是良好的，他就敢于面对一切困难，就像一粒种子一样，只要有土壤的依托，就会不断地成长，直到原先的种子成长到长出新的种子。如果是一个消极的人，他的心态就会是悲观的，如果他受到打击，就会委靡不振，任何事情对他来说，他都觉得是一种负担。由此可以看出，心态的不同，所产生的作用也就不同。一个拥有积极心态的人，能够激发自身的所有聪明才智，而拥有消极心态的人，就像蛛网缠住昆虫的脚一样，束缚着他们发挥自己的才华。

无论是在我们的生活中，还是工作中，都要保持一种轻松平和的心态，正确地看待自己，宽容地对待别人，努力地修炼自己，使自己能够融入到一个新鲜的环境中，毕竟人生活在社会中，自然要与他人、与社会发生这样那样的联系，就会发生不愉快的事，如果一味地沉闷着，那怎么还去追求自己的事业呢？因此，不论我们想不想成功，只要我们生存在这个社会里，行走在这个花花世界里，就要以积极健康的平常心去面对一切得失。这样，使自己养成一种积极健康的心态，使自己有一把万能的钥匙，才能打开成功路上所有关口的门，让你的前进之路畅通无阻。

那些成功者，他们都能够充分地运用积极心态的力量。因为他们知道，每个人所拥有的积极心态就是他的长处，只要善于应用这种长处，未来将会有不可限量的成就。

第十章
天道酬勤

“勤能补拙是良训，一分辛苦一分才。”伟大的成功和辛勤的劳动是成正比的，有一分劳动就有一分收获，日积月累，从少到多，奇迹就可以创造出来。

◆ “勤”是人之根本

刚10岁的钢铁大王安德鲁·卡耐基为了给家里分担一些负担，他选择了进入工厂做童工，当时他进入了一家纺织厂，每月只有7美元的薪水。为了挣到更多的钱，安德鲁·卡耐基又找了一份烧锅炉和在油池里浸纱管的工作，这份工作每个月只比纺织厂多挣3美元。油池里的气味令人发呕，加煤时锅炉边的热气，使安德鲁·卡耐基光着的身子不停流汗，可是他一点都不在乎，仍然努力地工作着。当然，他内心很不愿意就这样度过一生。

为了能找到挣钱更多的工作，安德鲁·卡耐基在劳累一天后，晚上仍然要坚持去夜校参加学习，每周有3次课。正是这每周3次的复式会计知识课给安德鲁·卡耐基成立他巨大的钢铁王国打下了坚实的基础。

1849年安德鲁·卡耐基迎来了他的第一次机会。那年冬天，他刚从夜校回家，姨夫给他带来了一个很好的消息，说匹兹堡市的大卫电报公司需要一个送电报的信差。安德鲁听到这个消息，非常地高兴，因为他知道机会来了。

一天后，安德鲁穿上了他很长时间都不舍得穿的皮鞋和衣服，在父亲的带领下来到了大卫电报公司。安德鲁为了给面试者一个良好的形象，他让父亲在大门口停了下来，他对父亲说：“我想一个人进去面试，父亲你就在外面等我吧！我对自己有信心。”其实，安德鲁这样做不只是给面试者一个好的形象，更加重要的是他害怕自己的父亲说些不得体的话冲撞了主管，使他失去这次机会。

安德鲁一个人到了二楼面试，面试的人正好是大卫电报公司的拥有者大卫先生，大卫对这个面试者先是打量了一番，然后问安德鲁：“匹兹堡市区的街道，你都熟悉吗？”

安德鲁对于匹兹堡市的街道一点都不熟悉，但他语气坚定地对大卫说：“不熟悉，但我保证在一个星期内熟悉匹兹堡的全部街道。”然后又对他自己的形象补充道：“我个子虽然很小，但比别人跑得快，您不用担心我的身体，我对自己很有信心。”

大卫对于安德鲁的回答非常满意，然后笑着说：“好吧，我给你每月12美元的薪水，从现在起就开始上班吧！”

大卫的认可，使安德鲁的人生迈出了第一步，而这时的安德鲁才14岁，对于现在的人来说，14岁刚好从小学毕业进入初中的学堂。

一个星期很快过去了，安德鲁也实现了对大卫先生的承诺，他完全熟悉了匹兹堡的大街小巷。安德鲁在熟悉了市内街道一星期后，又完全熟悉了郊区的大小路径，就这样安德鲁在一年后升职为信差的管理者。

安德鲁在工作中的勤奋很快得到了大卫的赏识。一天，大卫先生单独把安德鲁叫到了办公室，对他说：“小伙子，你比其他人工作更加努力、勤奋，我打算给你单独算薪水，从这个月开始你将会得到比别人更多的薪水。”当时安德鲁很高兴，那个月他得到了20美元的薪水，对于15岁的卡耐基来说，这20美元可是一笔巨款。

在工作期间，安德鲁每天都提前一至两个小时到公司，他会把每一间房屋都打扫一遍，然后悄悄地跑到电报房去学习打电报。对于这段时间安德鲁非常珍惜，正是这样日复一日地学习，他很快就掌握了收发电报的技术，以后的日子他的技术越来越好。后来安德鲁成为了公司里首屈一指的优秀电报员，而且职位再一次得到了提升。

在电报公司工作的这段时间，对于安德鲁来说是他“爬上人生阶梯的第一步”。在当时，匹兹堡不仅是美国的交通枢纽，更是物资集散中心和工业中心。电报作为先进的通讯工具，在这座实业家云集的城市里有着极其重要的作用。安德鲁每天行走在这样的环境里，使他对各种公司间的经济关系和业务往来都非常熟悉，也使他得在无形中学到了更多的经验，使他在日后的事业中得到更多的益处。

是啊！安德鲁的成功完全源于他的勤奋。每一个人只要在工作中比他人更努力、更勤奋，就能够获取更多、更大的成就。

哈默曾经说过：“幸运看来只会降临到每天工作14小时，每周工作7天的那个人头上。”在他的一生中，他是如此说的，也便如此做的，他90多岁时仍坚持每天工作十多个小时，他说：“这就是成功的秘诀。”巴菲特也认为，培养良好的习惯是获得成功很关键的一环。一旦养成了这种不畏劳苦、敢于拼搏、锲而不舍、坚持到底的劳动品性，无论我们干什么事，都能在竞争中立于不败之地。古人云：“勤能补拙是良训”，讲的也就是这个道理。

俗话说：“勤奋是金”。我们只有通过不断地努力，才能使自己变成一块金子。一个芭蕾舞演员要练就一身绝技，不知道要流下多少汗水、饱尝多少苦头，一招一式都要经过难以想象的反复练习。著名芭蕾舞演员泰祺妮在准备她的夜晚演出之前，往往要接受父亲两个小时的严格训练。歇下来时，筋疲力尽的她想躺下，但又不能脱下衣服，只能用海绵擦洗一下，借以恢复精力。当她在舞台上时，那灵巧如燕的舞步，往往令人心旷神怡，但这又来得何其艰难！台上一分钟，台下十年功！

我们要看到，任何成功都不是轻易获得的，任何巨大的财富都不可能唾手而得，都是要经过勤奋才会有所收获。千里之行，始于足下。不积跬步，无以至千里；不积小流，无以成江海。

李嘉诚说道："耐心和毅力就是成功的秘密。"是啊！没有播种就没有收获，光播种，而不善于耐心地、满怀希望地耕耘，也不会有好的收获。最甜的果子往往是在成熟时！

在我们的人生旅途中，最后我们都会发现"勤能补拙"，"勤奋可以创造一切"这样的感悟。但是，我们会从中受到多少启发呢？我们依旧在工作中偷懒，依旧好逸恶劳。甚至有人把工作当成是一种惩罚，这样的工作态度，可能获取成就吗？在这个人才竞争日趋激烈的职场中要想立于不败之地，惟有依靠勤奋的美德——认真地完成自己的工作，并在工作中不断地进取。

成功与不成功之间只有一丁点的距离，并不是许多人想象的那样，是一道巨大的鸿沟。阻碍你成功的这点距离就在于：你只要每天比别人多做一点、多学习一点、多勤奋一点、多行动一点……

◆ 辛勤耕耘，才有所得

很久以前，有一个叫雷特的人，他听说有人在萨文河畔散步时发现了金子并发了财。于是，他和很多人一样怀着发现金子的梦想走向萨文河畔，希望在那儿发现金子，并成为一个富有的人。雷特和很多人到了萨文河畔，他们寻遍了整个河床都没有发现金子，又在河床上挖了许多大坑，希望能挖出金子，可是他们失望了。最后大部分人都怀着失落的心情返回了家乡。

也有一小部分人不甘心，他们在心里想为什么那个人能找到金子，我们却找不到呢。于是他们驻扎下来继续在河床上寻找着金子。雷特也是这一小部份人中的一个。他在河床上选了一块没有人占领的土地继续寻找金子。雷特为了找到金子，把所有的家产都押了上来，可是半年后，他没有找到金子，其他人也没有找到金子，只是在他们所占领的土地上留下了许多坑洼。

后来，雷特放弃了寻找金子的梦想，他选择离开这儿，到其他地方去谋求生路。在他将要离开的那天晚上下起了大雨，大雨一下就是三天，当第四天雷特走出小屋时，他发现小屋前坑坑洼洼的土地已经不在了，面前所展现出的是一块平整松软的土地。

看着面前的土地，雷特心里出现了一种想法：在这里没有找到金子，但是这样的土地种上植物应该会生长得很好，可以种一些蔬菜或鲜花拿到镇上卖给有钱人，他们对于装饰家里和吃新鲜的蔬菜应该会舍得花钱吧！

雷特的想法改变了他一生，他下定决心不走了，他要在这儿种出金子。他花了很大的精力，培育蔬菜和花苗。不久后，他那块土地上长满了许多美丽的鲜花和各种各样的新鲜蔬菜。当他把那些蔬菜和鲜花拿到市场上卖时，许多人都称赞鲜花漂亮、蔬菜新鲜。雷特的生意非常好，地里的蔬菜和鲜花几天就卖完了，看到市场的潜力，雷特又买了许多土地，并且扩大了销售范围。

几年后，雷特实现了他的梦想，他寻到了属于自己的金子，成为了一个富翁。

雷特是惟一一个找到金子的人。别人在这儿找不到金子便离开了，雷特却把金子种在这块土地上，通过他的勤奋、努力终于获取了财富。

“辛勤耕耘，才有所得”这正是雷特给我们带来的启示。人们常说：有耕耘才有收获。一个人的成功有多种因素，环境、机遇、学识等外部因素固然都很重要，但更重要的是依赖自身的努力与勤奋。缺少勤奋这一重要的基础，哪怕是天异禀赋的鹰也只能栖于树上，望天兴叹。而有了勤奋和努力，即便是行动迟缓的蜗牛也能雄踞山顶，观千山暮雪，望万里层云。

懒惰的人花费大量的精力逃避工作，却不愿用相同的精力努力完成工作。他们以为骗得过老板。其实，这种做法完全是在愚弄自己。勤奋真的很难吗？不，勤奋不是天生的，是后天培养出来的习惯。大凡有所作为的人，无不与勤奋的习惯有着一定的关联。我们知道“将勤补拙”是李嘉诚的一条重要人生准则，也是他成功的经验之一。

曾经有记者询问过李嘉诚的推销诀窍。李嘉诚不予正面回答，却讲了一个故事。

日本“推销之神”原一平在69岁时的一次演讲会上，当有人问他推销成功的秘诀时，他当场脱掉鞋袜，将提问者请上台说：“请您摸摸我的脚板。”

提问者摸了摸，十分惊讶地说：“您脚底的老茧好厚哇！”

原一平接过提问者的话说道：“因为我走的路比别人多，跑得比别人勤，所以脚茧特别厚。”

提问者略一沉思，顿然感悟。

李嘉诚讲完故事后，微笑着自谦地对记者说：“我没有资格让你来摸我的脚底，但我可以告诉你，我脚底的老茧也很厚。”

当年，李嘉诚每天都要背着一个装有样品的大包从坚尼地城出发，马不停蹄地走街穿巷，从西营盘到上环到中环，然后坐轮船到九龙半岛的尖沙咀、油麻地。

李嘉诚说：“别人做8个小时，我就做16个小时，开始别无他法，只能将勤补拙。”

李嘉诚在茶楼做过跑堂，每天拎着大茶壶，10多个小时来回跑。后来做了推销员，依然是背着大包一天走10多个小时的路。

李嘉诚的脚板未必没有原一平的厚。但这脚板上的老茧分明写着同样的一个字：勤！

如果你永远保持勤奋的工作状态，就会得到他人的认可和称赞，同时也会脱颖而出，并得到成功的机会。做一个勤奋的人，阳光每一天的第一个吻，一定落在你的脸颊上。

金子对于那些勤奋的人来说，处处都是。现实生活中，任何一个人取得的成就都是通过勤奋得来的；任何一项成就的取得，也与勤奋分不开。所以勤奋是你通向成功的钥匙。

◆ 做个勤奋的人

有这样一个人，公司破产了他很伤心，朋友为了让他找回以前的自信心，于是劝他出去旅游散心，这个人听从了朋友的劝告去了南方游玩。

这天，他走到了一个湖边，那儿有一个老人在钓鱼，看到年轻人一脸的疲劳，于是问道："年轻人，你这么年轻为什么不快乐地生活，而是选择疲劳地度过一生呢？我在你的脸上看到了许多忧愁，有什么事，说出来让我听听。"

年轻人对老人说："人生总不如意，活着也是苟且，有什么意思呢？我辛辛苦苦建立的事业现在破产了，我还有什么希望呢！。"

老人静静地听着年轻人的叹息和絮叨，然后转过身去，在他身边的茶桌上泡了一杯茶递给年轻人，年轻人接过茶杯，可是他看到茶杯里的茶叶是浮在水面上的，于是问老年人："老人家，为什么你泡的茶，茶叶浮于水上呢？"

老人笑而不语，一直看着年轻人，并让年轻人喝茶水。年轻人喝了一口后对老年人说："一点茶香都没有。"

这时老人说话了："这可是名茶铁观音，怎么会没有茶香呢？"

年轻人又端起了茶杯品尝起来，然后肯定地说："真的没有一点香味啊？是不是你拿错了茶叶？"

这时，老人转过身子，把泡茶叶的水重新烧了一会儿，当水沸腾起来时，老人又取了一个茶杯，再泡了一杯茶。同样的茶杯，同样的茶叶，这时年轻人看到的是一杯茶叶沉于杯底的茶水，而且还有丝丝清香飘出来。

年轻人很想端起茶水尝尝，可是老人挡住了他，又提起水壶把沸腾的水倒了一些进去，这时茶杯里的茶叶上下翻腾，茶香也更加浓了，老人连续倒了3次，杯子里的茶水刚好满到杯口，于是让年轻人端起来品尝。这时年轻人喝到的是香浓的茶水，于是问老人："为什么同样的茶叶，同样的茶杯，同样的水，沏出来的茶水却不相同呢？"

老人点了点头，然后对年轻人说："水的温度不同，则茶叶的沉与浮就不一样。温水沏茶，茶叶浮于水面上，这样的茶水怎么会散发出清香呢？沸水沏茶，反复几次，茶叶沉沉浮浮，上下翻腾它的茶香肯定会散发出来。生活也是如此，在生活当中，你自己的功力不足，勤奋不足，要想处处得力、事事顺心根本不可能。所以要想得到收获，你需要勤奋、努力提高自己的能力。"

年轻人听了老人的话，脸上展现出无比的自信，告谢了老人之后就回到了家里。从此，他做事勤奋，常常向一些前辈请教。不久之后，他重新成立了一个公司，这个公司也得到了很好的发展。

有人可能会说："勤奋，干嘛要勤奋，老板就给了我那么一点工资，我怎么勤奋得起来？给多少钱，就做多少事。勤奋，除非是傻子。"

讲到这，我想起有人说过的一句话：拿多少钱，做多少事，钱越拿越少；做多少事，拿多少钱，钱越拿越多。此话的确有道理。如果你选择前者，你的钱只会越拿越少。这就是为工资工作的结果。你愿意工资越拿越少吗？如果不愿意，就得确立对工作的第一个态度：千万不要为工资，也就是为薪水而工作。

想要获取成功，除了勤奋别无它途，如果你勤奋了还不能成功，那就说明你天份太差，没有办法。我从来都很勤奋，并没有想着淘到一桶金后就去享受，去做大老板。

从某种程度上说，是梦想在催促着我们，在折磨着我们！千万不要因为自己有财富了，有可以用人的条件，就放弃自己的努力和勤奋。

在我们的生活中，有很多作出巨大贡献的人，他们都是终生努力的。看看那些不努力的人，尽管他们资本雄厚，由于好吃懒做，结果一生也只能庸庸碌碌。所以，为了改变我们自己，我们必须努力成为一个有钱有势的人，在我们功成名就之后，我们就会感到人重型是美好的。

另外，在我们的工作中，我们还要知道，我们要时常提醒自己要努力奋斗，只有这样，我们才能得到自己想要的。

以前有一个国王，发布诏书，要求把全国所有的智慧、哲理编辑起来。三年后，这些汇编的智慧和哲理共有十本书之多。国王认为太繁琐，于是精简到一本书，觉得还是不够精炼，于是又精简到一页，国王还要求修改，最后只剩下一句话，这句话就是：天下没有免费的午餐。可是国王还认为太长，最终修改到一个字，那就是：勤。所以，不断提醒自己努力的人最终都成功了。即使不是百万富翁，千万富翁，他的生活都是富足的。

吃得苦中苦，方为人上人。所以，只有努力苦干，才会有收获。

勤奋是成就大事业的钥匙，凡是有所成就的人，往往都是勤奋、努力的人。他们的成功都是用他们辛勤的汗水换取的。

◆ 成功始于勤

约翰·施特劳斯是享誉世界的“圆舞曲之王”。1872年，美国聘请他去演出，为了欢迎约翰·施特劳斯的到来，他们特意为他建造了一座可以容纳10万听众和2万表演者的演出大厅。

那是一场盛大的表演，为了让这次表演很好地举行，主办方给约翰派了100个助手，表演场上，约翰被这100个助手完全围在中间。对于这次表演约翰回忆说：“当我站在总指挥的谱架前，我看着坐台上高达10万的美国听众，我非常地兴奋。当炮声响起时，我知道音乐会开始了。随着我的手势开始，我的100个助手也仿效我的手势动起来。这是我终生难忘的一个大场面，当这场表演结束时，那10万听众兴奋地大声叫着，这次演出对于我来说，是我生平最难忘的，同时这次表演也是音乐史上罕见的盛举。”

约翰的一生是勤奋的，他总共写了400多首乐曲，因为约翰的成就，人们给他冠予了“圆舞曲之王”的美誉。对于这样称呼，约翰谦逊地说：“我的成就，只在于我把前辈那里所继承的所有经验加以扩充罢了。”可事实并非如此，他那些动人的圆舞曲并不能使人们忘记他给大家带来的快乐和希望。

虽然约翰受到了许多人的爱戴、称赞，但是获得崇高荣誉的约翰并没有因此而骄傲，在他年近70岁的时候，他仍然保持着自己的习惯，每天都在为新曲子做思考；每天都在重复着年轻时所拥有的习惯。

因为约翰的勤奋，他的一生总是充满希望、充满成就的。一次有人对约翰说：“你是最幸福的人，我只能指挥一些属于我范围之内的人，而你的音乐使所有喜欢音乐的人都陶醉在你的指挥棒下。”约翰对此只说了这样的一句话：“苹果虽然甜蜜，但有多少人知道它内心有多少苦核呢？”

是啊，有多少人知道成功背后的秘密呢？

在我们的工作中，总会有许多人用薪水来衡量他为公司付出的多少是否值得。但是，他们却忽略了一个更为重要的东西，如果你对工作勤奋，为公司提升了业绩，创造了利润，公司领导是会牢记于心的，即使你在这个过程中没有得到晋升，但在年终的时候，我想你的奖金也应该比其他人多。更重要的是，在这个过程中，你还得到了许多宝贵的知识、技能、经验和成长发展的机会，当然随着机会到来的还有财富。实际上，在勤奋中你和老板获得了双赢，勤奋不只是为老板负责，更重要的是对自己负责。试想，一个公司不可能因为你一个人的懒惰而一败涂地，但因为你个人的懒惰，你可能一辈子都会一事无成。所以，你用不着抱怨，更不用自怨自艾，你需要做的仅仅是勤奋地工作。普通人离不开勤奋，伟大的成功更是来源于勤奋：

司马迁写《史记》用了15年。

司马光写《资治通鉴》用了19年。

达尔文写《物种起源》用了20年。

李时珍写《本草纲目》用了27年。

马克思写《资本论》用了40年。

歌德写《浮士德》用了60年。

这些名垂青史的伟人，有哪一位没有付出辛勤的汗水和毕生的精力呢？

牛顿在剑桥大学的30年里，常常每天坚持工作十六七个小时，这是我们常人难以想象的。

著名数学家华罗庚说过：“我不否认人有天资的差别，但根本的问题是勤奋。我小时候念书时，家里人说我笨，老师也说我没有学数学的才能。这对我来说，不是坏事，反而是好事，我知道自己不行，就更加努力。经常反问自己：'我努力得够不够？'”这些名人的做法和说法应该引起我们的反思。毕竟勤奋的工作态度不仅会赢得老板的赞赏，也会得到别人的嘉许，还能给自己带来一份最可贵的财富——自信。

那些被懒惰吞噬了心灵的人是无法看透事物的本质的，他们相信的是运气之类的东西，别人发财了是幸运；知识广博是天赋；深受众望是机缘。在工作中，他们总是认为老板太苛刻，因而不愿努力工作。但是他们忘记了：工作时无所事事对自己的负面影响是最大的。有些人费尽心思逃避工作，不想投入同等的时间和精力努力工作。他们事实上是在愚弄自己。老板不可能了解员工的每一个工作细节，但任何一个明智的老板都明白，努力工作的结果会是什么样。升迁和奖赏绝不会降临在对工作无所用心的人身上。

如果一个人没有意识到这一点，那么，他在工作中就会琢磨如何少干点工作多玩一会儿，结果过不了多久，他就会在人才的竞争中被淘汰。所以说，享受生活固然没错，但怎样成为领导眼中有价值的职业人士，才是最应该考虑的。

一位有头脑、有智慧的职业人士绝不会错过任何一个可使自己能力得以提高，才华得以展现的工作机会。尽管这些工作可能薪水微薄，可能辛苦而艰巨，但它对意志的磨练，对我们坚韧性格的培养，都是极有价值的。所以，正确地认识你的工作，勤勤恳恳地努力去做，才是对自己负责的表现。

工作和生活需要勤奋，但我们在勤奋的同时，也要正确理解勤奋的含义。首先，勤奋工作不是机械地工作，而是用心在工作中学习知识、总结经验。其次，勤奋不是要你一刻不停地工作，这样只能让你筋疲力尽，效率降低。最后，勤奋是需要坚持不懈的。勤奋通向成功，而成功可能会成为勤奋的坟墓。所以，我们在取得了一个小目标的成功之后，一定不能放松，而要继续勤奋，永不满足。

◆ 奇迹来源于勤奋

美国的推销员巴哈为什么能在20年间把自己的业绩累计高达2亿多美元呢？这个原因究其到底是勤奋。

很多人都认为，巴哈是一个很健康的人，是一个德裔美国人。可是他们都不知道，巴哈是一个瘸了一只脚的残疾人。

巴哈的出生很贫寒，父母是乡下人，在4岁的时候，不幸的巴哈患上了小儿麻痹症，由于没有及时医治，从此巴哈成了跛脚，可是跛脚的巴哈并没有向命运低头。此后，他不断的向命运挑战，他勤于走路，常常和同学打乒乓球，长大后巴哈还学会了开车。

巴哈第一份保险工作是在美国的旧金山，当时的旧金山是一个地势很不平的地方，那里的房屋和街道都有十几阶甚至几十阶的台阶。对于跛了脚的巴哈来说，那些台阶根本就是小意思，他不用费太大的力气就能爬上去。在巴哈的眼中，这样的困难根本不值一提。

一段时间后，巴哈发现在爬到很高的台阶时，那些住户买保险的成功率几乎是百分之百，从此巴哈的身影常常出现在很高的台阶上，巴哈也知道了为什么那儿的成功率会如此之高的秘密。因为人都有惰性，大部分的推销员走到一半时就不会再去爬更高的台阶进行推销，因为在他们的心里认为台阶越高住的人越少，那样他们的对象也更少，还不如把这些时间放到住户多的地方去。

有一次，巴哈应邀对一些刚进入保险事业的推销员进行演讲，在他走进演讲室的时候，他发现一家公司经理的大门上挂着经理的大名。当他给那些推销员做完演讲以后，他走进了那间办公室，对经理说：“先生你好，我是从事人寿保险的巴哈，我刚刚在这儿对一些新进入保险推销事业的推销员做完演讲，我在想是否有人对你推销过保险，因此我来拜访你，希望我的到来能给你带来一种特意为你设计、合适你利益的保险。”

这次拜访结束后，巴哈拿到了一份新的保险合同。原来，从来没有一位保险推销员向这位经理介绍过保险，所以巴哈很顺利的做成了这笔生意。

一个在艰难环境中成长起来的人，他们的品质中是不会缺少勤奋和勇敢的。我在看张其金写的《沉浮福布斯》这本书的手稿时，我经常为那些财富英雄的成功感慨万千。他们艰苦创业、勤奋工作的精神真的令人感动。他们的故事，给我们这样一个启示，如果我们勤奋，我们会成功，即使创业是艰辛的，同样阻挡不住我们前进的脚步。

事实上，财富英雄们所获得的财富，远比我们想象的困难得多，他们在获得财富的同时，除了承担公司的责任外，还要承担社会的财富，但在他们看来勤奋刻苦才是他们白手起家的最基本的原因。

在中国，勤奋刻苦一直被视为每一个人所应该具备的传统美德。当一个人把勤奋刻苦牢记于心的时候，他们所创造的传奇故事会更加令我们震动。

为什么他们拥有财富？为什么他们能成功？重新思考这些问题的时候，我们对富人、对财富会有新的认识。

“即便有一天我忽然一分钱都没有了，我也不怕。我还可以当农民，还可以从头做起！我可能年纪大了点，但我干活会勤奋，看门就把门看好，扫地就把地扫干净，老板还会认同我，也许会给我开高工资。”刘永好曾这样表示。

这段话给了我们深刻的启示。

财富永远不可能为守株待兔者拥有，或许一次，二次可以得之侥幸，但它最终垂青的必然是那些大胆行动的人。很多亿万富豪都告诉人们要获得财富必须从现在开始实践，敢于迈出去。也许，你已经考虑过“喜欢”干哪一行。那么，现在你就可以从查看招聘广告开始，去找学校或职训中心，或者跟那些做着这一行的前辈们学习，搞清楚有哪些机会。

在我们有了更多的社会经验之后，我们就会对自己的未来有一个明确的判断，我们就会知道，如果我们想要成功，就必须大胆行动，用毕生的精力全力以赴地去完成我们应该完成的事！

有些人很想有所成就，很想获取财富，但是没有动手就感到非常为难，他们搞不清楚自己想要做什么。由于思想上没有一个明确的目标，所以很难决定下一步要做什么。于是，他们就束手无策坐在那里等待奇迹，然而，奇迹并不是光凭等待就会来的，奇迹需要自己去争取。

许多获取大成就或立大业的富豪，在他们心目中并没有许多明确的目标，相反却变动得非常快，有时甚至连目标是什么都不知道。他们只是不断地去尝试新的事物，大胆接受新的信息，直到对自己所做的选择有所把握为止。

那些创造了很多财富的人，他们都开朗乐观，他们常常通过行动判断自己的方向，然后以一种高瞻远瞩的眼光去看待一切。最后，在他们经过一番奋斗之后，他们就会取得令人羡慕的成就。

一个业务员的成功，是建立在大胆拜访客户基础上的，如果他不知道最顶尖的业务员一天要拜访多少个客户，那么，他根本就没有机会接近成功；如果他无法付出顶尖业务员所做的行动，他也无法提高成绩。

看看那些具有高业绩的人，我们就会发现他们的付出永远比一般人多。当其他人在休息的时候，他们还在不停地工作，当遭受打击时，他们还在不断地探寻成功之路，当遭受别人的拒绝时，他们总是在寻找如何自我改进的方法，以及失败的原因，他们永远在不断地改善自己的行为、态度、举止和自己的人格，他们总是希望知道别人成功的原因是什么，他们总是在学习，总是在不断前进，他们总是希望自己更有活力，总是希望自己产生更大的行动力。相比之下，很多人饱食终日，无所用心，不做运动，不学习，不成长，每天抱怨一些负面的事情。他们哪来的行动？因此，我们说，所有的知识必须大胆地化为行动，所以，我们只有行动，我们才会实现自我价值，才会有力量去完成一切。

不管他们现在决定要做什么事，不管他们现在设定了多少目标，也不管他们面临怎样的困境，他们一定会立刻行动，而且肯定会大胆行动，因为他们坚信：没有金钢钻，也要敢揽瓷器活。

如果说机遇对每个人都是一样，为什么别人能轻松地抓住，而你却抓不住。究其原因是你不够勤奋，从而导致感觉或直觉比较麻木。而那些勤奋的人会持续不断地提高自己的素质，变得越来越敏锐。